高等职业教育人工智能技术应用专业系列教材

人工智能导论

RENGONG ZHINENG DAOLUN

主　编　张　勇　吴保文　孙鹏娇

副主编　王　琦　刘晓佩　苏献诚

李荣辉　史源平

西安电子科技大学出版社

内容简介

　　本书基于现代人工智能科学技术的最新发展，深入浅出地介绍了人工智能的相关概念、基础技术和应用技术，重点介绍了人工智能的应用领域和前沿技术；还精心介绍了人工智能的开发框架与开放平台、支撑技术与硬件设施，可供读者拓展阅读。每章都有与之对应的章节习题，供读者学习，以强化其解决问题的能力。

　　本书致力于推动人工智能的普及教育，强调人工智能知识的基础性、前沿性、综合性和趣味性，使读者掌握人工智能的主要思想和应用人工智能技术解决专业领域问题的基本思路，拓宽科学视野，紧追科技前沿，培养创新精神。

　　本书可作为应用型本科和高职类院校各专业人工智能通识课程教材，也可作为从事自然科学、社会科学以及人工智能交叉学科研究的科研人员、学者及爱好者的参考用书。

图书在版编目（CIP）数据

人工智能导论 / 张勇，吴保文，孙鹏娇主编. -- 西安：西安电子科技大学出版社，2025. 9. -- ISBN 978-7-5606-7681-4

Ⅰ. TP18

中国国家版本馆 CIP 数据核字第 2025SK9928 号

责任编辑　张　存　武翠琴

出版发行　西安电子科技大学出版社（西安市太白南路 2 号）
电　　话　(029) 88202421　88201467　　邮　　编　710071
网　　址　www.xduph.com　　　　　　　电子邮箱　xdupfxb001@163.com
经　　销　新华书店
印刷单位　河北虎彩印刷有限公司
版　　次　2025 年 9 月第 1 版　　　　　2025 年 9 月第 1 次印刷
开　　本　787 毫米×1092 毫米　1/16　印　　张　10.5
字　　数　239 千字
定　　价　37.00 元

ISBN 978-7-5606-7681-4

XDUP 7982001-1

＊＊＊如有印装问题可调换＊＊＊

前　言

一、写作背景

人工智能（Artificial Intelligence，AI）是研究、开发用于模拟、延伸和扩展人类智能的理论、方法、技术及应用系统的一门新的技术科学。它赋予机器以感知、学习、语言、决策等人类智能的能力，在智能制造、智能教育、智能交通、智能零售、智能金融等各领域的商业化应用中发挥着重要作用，并且成为国内众多知名高校人工智能、电子通信、计算机等学科的通识类课程。然而，目前适合应用型本科、高职类院校人工智能应用技术专业的通识类教材十分缺乏，大多数教材以讲解基础理论知识为主，迫切需要一本适应发展要求并结合当前实际应用的人工智能基础性教材。本书正是在这样的背景下编写的。

本书集基础性、科普性、综合性、趣味性、系统性于一体，读者通过学习本书，可以了解人工智能的相关概念与研究现状，基础的知识表示和搜索技术，以及机器学习、深度学习、神经网络等的基本理论和方法；掌握计算机视觉、自然语言处理、专家系统、智能机器人等人工智能全领域的应用技术，以及类脑智能、群体智能、混合智能等人工智能全领域的前沿技术；熟悉人工智能的应用领域和经典的人工智能应用案例。本书既可帮助读者了解人工智能的发展和现状，学习和掌握人工智能的基本原理和方法，形成人工智能相关应用领域的全面认识，激发对人工智能的学习兴趣，也可为人工智能研究提供新的思维方法和问题求解手段。

二、本书结构

本书参照《国家新一代人工智能标准体系建设指南》，全面系统地阐述了人工智能的主要研究方向、理论知识、技术框架、应用案例及前沿技术等内容，并探讨了人工智能的最新进展与拓展延伸。本书适合作为应用型本科、高职类院校人工智能应用技术专业的通识类教材。全书分为必修篇和选修篇，共7章，结构如下：

必修篇：人工智能技术与应用

第1章　人工智能概述：介绍人工智能相关概念、主要学派、发展历程以及发展前景，使读者知悉人工智能发展所面临的挑战，思考人工智能的安全与伦理，开阔视野。

第2章　人工智能基础技术：介绍人工智能的基本原理和技术基础，包括逻辑与推理、机器学习、深度学习以及神经网络等关键技术，为后续章节介绍应用技术做知识储备和技术铺垫。

第 3 章　人工智能应用技术：介绍人工智能的技术应用，包括计算机视觉、自然语言处理、专家系统、智能机器人等应用技术，为后续章节介绍行业应用做知识储备和技术铺垫。

第 4 章　人工智能应用领域：介绍人工智能目前在各行业中的应用，包括智能制造、智能农业、智能交通、智能教育、智能金融、智能医疗和其他行业的智能应用等，使读者感受人工智能技术与行业的融合。

第 5 章　人工智能前沿技术：介绍类脑智能、群体智能和混合智能等人工智能前沿技术，包括其基本理论和应用。

选修篇：人工智能拓展延伸

第 6 章　人工智能开发框架与开放平台：介绍人工智能的开发框架与技术平台，包括国内外著名的开发框架和平台，为人工智能应用开发打下坚实的基础。

第 7 章　人工智能支撑技术与硬件设施：介绍人工智能的支撑技术与硬件设施，使读者理解国产硬件设施对于人工智能应用开发的支撑性作用，熟悉物联网、5G 通信、云计算、大数据、边缘计算等对人工智能发展的推动性作用。

三、本书特色

（1）本书提供了清晰的人工智能全领域、全学科的学习图谱，参照《国家新一代人工智能标准体系建设指南》，全面系统地讲述人工智能的理论知识与技术框架，内容包括知识表示、机器推理证明、机器学习、深度学习、神经网络等基础技术以及计算机视觉、自然语言处理、专家系统等关键技术。

（2）本书紧跟人工智能技术发展的潮流，揭示人工智能的最新进展，摈弃烦琐、陈旧的理论知识，描绘人工智能三大前沿技术：类脑智能、群体智能以及混合智能，体现教学的前瞻性和体系化。

（3）本书内容翔实、图文并茂，重点介绍典型的人工智能应用领域及其应用案例，提供重难点知识讲解微课视频，配备 PPT 学习资源、习题，辅助读者理解人工智能在各行业的智能应用。

（4）本书注重课程与思政教育的融合，强调全过程、全方位育人，将思政元素融入章节内容中，实现教材内容与思想政治教育的有机结合，以培养学生的爱国主义精神及团结进取、不畏困难的良好品德，增强学生的民族自豪感和时代责任感。

四、配套资源

本书充分利用了数字化技术，配备了大量的知识点微课教学视频、PPT、习题等学习资源，读者可以扫描二维码获取相应的数字化学习资源。

五、教学建议

本书除了可以作为应用型本科、高职类院校人工智能应用技术专业的通识类教材，也可供对人工智能领域感兴趣的研究人员和工程技术人员阅读参考。教师可以利用数字教材和网站上配备的教学资源完成教学；学生也可以通过本书以及配套资源进行自主学习与训练。教师可以利用 32 学时完成本书的讲解，具体的学时分配建议如下：

内　　　容	建议学时数/学时
第 1 章　人工智能概述	4
第 2 章　人工智能基础技术	4
第 3 章　人工智能应用技术	6
第 4 章　人工智能应用领域	6
第 5 章　人工智能前沿技术	4
第 6 章　人工智能开发框架与开放平台	4
第 7 章　人工智能支撑技术与硬件设施	4

六、致谢

本书是北京华晟经世信息技术股份有限公司与高校教师共同编写的成果，张勇、吴保文、孙鹏娇担任主编，王琦、刘晓佩、苏献诚、李荣辉和史源平担任副主编。在本书的编写过程中，北京华晟经世信息技术股份有限公司的工程师对相关章节的组织和编写给予了大力支持和指导，编者在此表示由衷的感谢。

由于技术发展日新月异，加之编者水平有限，书中难免存在不足之处，敬请广大读者批评指正。

编者

2025 年 2 月

目　　录

必修篇　人工智能技术与应用

选修篇 人工智能拓展延伸

必 修 篇

人工智能技术与应用

第 1 章 人工智能概述

自 1956 年人工智能诞生以来，其理论和技术日益成熟，应用领域也不断扩大。之后大数据、云计算、深度学习等技术的发展又一次掀起人工智能的浪潮，人工智能成为极具挑战性的领域。本章主要介绍人工智能的基本概念、主要学派、发展历程、研究范围，以及人工智能的发展前景与挑战、安全与伦理。

1.1 人工智能的基本概念

人工智能是研究、开发用于模拟、延伸和扩展人类智能的理论、方法、技术及应用系统的一门新的技术科学。人工智能是计算机科学的一个分支，其目标是了解智能的实质，并生产出一种新的能以类似人类智能的方式做出反应的智能机器。

1.1.1 人工智能的定义

人工智能是研究人类智能活动的规律，构造具有一定智能的人工系统，研究如何让计算机完成以往需要人的智力才能胜任的工作，也就是研究如何应用计算机的软硬件来模拟人类某些智能行为的基本理论、方法和技术。它是在计算机、控制论①、信息论②、数学、心理学等多种学科融合的基础上发展起来的一门交叉学科。互联网的发展和计算机性能的不断提升，让人工智能在强化学习③、深度学习④、机器学习⑤等方向取得了巨大进步，形成了智能机器人⑥、

---

① 控制论(Cybernetics)是探索调节系统的跨学科研究，用于研究控制系统的结构、局限和发展。诺伯特·维纳 (Norbert Wiener)在 1948 年将控制论定义为"对动物和机器中的控制与通信的科学研究"。

② 信息论是运用概率论与数理统计的方法研究信息、信息熵、通信系统、数据传输、密码学、数据压缩等问题的应用数学学科。

③ 强化学习(Reinforcement Learning，RL)，又称再励学习、评价学习或增强学习，是机器学习的范式和方法论之一，用于描述和解决智能体(Agent)在与环境的交互过程中通过学习策略达成回报最大化或实现特定目标的问题。

④ 深度学习(Deep Learning)是一种特殊的机器学习，是借鉴了人脑由很多神经元组成的特性而形成的一个框架。

⑤ 机器学习是一门关于数据学习的科学技术，它能帮助机器从现有的复杂数据中学习规律，以预测未来的行为结果和趋势。

⑥ 智能机器人是通过 AI 技术制造出来的能够自我控制的产品，具有人类所特有的某种智能行为。

语音识别①、模式识别②、图像识别③、专家系统④、自然语言处理⑤、机器学习、深度学习等诸多研究方向,使人工智能呈现了多元化的发展态势,如图 1-1-1 所示。人工智能是人类社会发展到一定程度的科学技术产物,也是自动化发展的必然趋势,智能化将成为继机械化、自动化之后的又一个新技术领域。

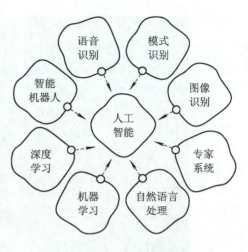

图 1-1-1　人工智能研究方向

人工智能的研究是与具体领域相结合进行的。人工智能技术渗透至各领域,催生出"AI+"的行业应用终端、系统及配套软件,进而融入各种场景,为用户提供个性化、精准化、智能化服务,深度赋能交通、制造(见图 1-1-2)、金融(见图 1-1-3)、医疗(见图 1-1-4)、零售、教育、家居、农业、网络安全、人力资源及安防等领域。

图 1-1-2　AI+制造

---

① 语音识别是以语音为研究对象,通过语音信号处理和模式识别让机器理解人类语言,并将其转换为计算机可输入的数字信号的一门技术。
② 模式识别就是借助计算机,通过计算的方法根据样本的特征对样本进行分类。模式识别作为人工智能的一个重要应用领域,也得到了飞速发展。
③ 图像识别是指利用计算机对图像进行处理、分析和理解,以识别各种不同模式的目标和对象的技术。它是深度学习算法的一种典型应用。
④ 专家系统是一个智能计算机程序系统,其内部含有大量的某个领域专家水平的知识与经验。它能够应用人工智能技术和计算机技术,根据系统中的知识与经验进行推理和判断,模拟人类专家的决策过程,以解决那些需要人类专家处理的复杂问题。简而言之,专家系统是一种模拟人类专家解决领域问题的计算机程序系统。
⑤ 自然语言处理(Natural Language Processing,NLP)是计算机科学领域与人工智能领域中的一个重要方向,它主要研究人与计算机之间用自然语言实现有效通信的各种理论和方法。

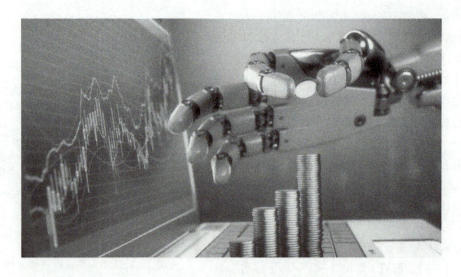

图 1-1-3 AI+金融

图 1-1-4 AI+医疗

1.1.2 人工智能的研究目标

人工智能的研究目标可以分为近期目标和远期目标。近期目标是实现机器智能，即研究如何使现有的计算机更聪明，使它能够运用知识去处理问题、能够模拟人类的智能行为，如理解人类认知、实现高效自动化、推动智能扩展、求解通用问题等。为了实现这一目标，人们需要根据现有计算机的特点，研究实现智能的有关理论、方法和技术，建立相应的智能系统。

远期目标是制造智能机器，即要让计算机既具备看、听、说、写等感知和交互功能，又具有联想、推理、理解、学习等高级思维能力，同时拥有分析问题、解决问题和发明创造的能力。简而言之，就是使计算机具有通用问题求解、连贯性交谈、自主学习等能力，从而扩展和延伸人类智能。

实际上，人工智能的近期目标与远期目标是相互依存的。远期目标为近期目标指明了方向，近期目标则为远期目标奠定了理论和技术基础。需要注意的是，近期目标和远期目标之间并无严格界限，近期目标会随人工智能研究的发展而调整，最终实现远期目标。

1.1.3　人工智能的分类

人工智能可分为 3 类：弱人工智能（Weak AI）、强人工智能（Strong AI）和超强人工智能（Artificial Super Intelligence，ASI）。

1. 弱人工智能

弱人工智能就是利用现有的智能化技术来改善经济社会发展所需的一些技术条件，也指完成单一任务的智能。例如，曾经战胜围棋世界冠军的人工智能阿尔法围棋（AlphaGo）就是一个典型的弱人工智能，尽管它很厉害，但它只会下围棋；又如，苹果公司的语音助手Siri 只能执行有限的预设功能，并不具备智力或自我意识，因此它是一种相对复杂的弱人工智能。

2. 强人工智能

强人工智能是具备与人类同等智慧或超越人类的人工智能，能表现出正常人类所具有的所有智能行为，比如，机器人实现货物分拣。强人工智能通常把人工智能和意识、感性、知识理解、自觉等人类的特征相互联结，因此强人工智能的实现依赖于脑科学的突破。

3. 超强人工智能

超强人工智能指的是有可能被开发出的与人类智能功能完全一样，甚至局部超越人类智能功能的计算机系统。它除了可以复制人类行为，还可以像人类一样思考，拥有与人类一样的情感体验，甚至发展出自己的情感理解、信念或是欲望。

超强人工智能可实现与人类智能等同的功能，即可以像人类智能实现生物上的进化一样，对自身进行重编程和改进，也就是"递归自我改进功能"。生物神经元的工作峰值速度比现代微处理器慢了整整 7 个数量级；同时，神经元在轴突上的传输速度（120 m/s）也远远低于计算机的通信速度。这使得超强人工智能的思考速度和自我改进速度将远远超过人类，人类的生理限制不再适用于超强人工智能。

1.2　人工智能的主要学派

基于人们对"智能"本质的不同理解和认识，形成了人工智能研究的不同途径。不同的研究途径拥有不同的研究方法、不同的学术观点，因此产生了符号主义①、连接主义②和行为主义③三大人工智能学派。符号主义以物理符号系统假设和有限合理性原理为基础；连接主义以人工神经网络模型为核心；行为主义侧重研究"感知-行动"的反应机制。

---

① 符号主义以物理符号系统假设和有限合理性原理为基础。

② 连接主义又称仿生学派或生理学派，是一种基于神经网络和网络间的连接机制与学习算法的智能模拟方法。

③ 行为主义又称进化主义或控制论学派，是一种基于"感知-行动"的行为智能模拟方法，其思想来源是进化论和控制论。

1.2.1　符号主义学派

符号主义(Symbolicism)又称为逻辑主义、心理学派或计算机学派。符号主义学派认为人工智能的研究方法应为功能模拟方法，即将智能形式化为符号、知识、规则和算法，并用计算机实现符号、知识、规则、算法的表征和计算，从而用计算机来模拟人的智能行为，进而实现人工智能。

符号主义的代表人物是艾伦·纽厄尔(Allen Newell)[1]、赫伯特·西蒙(Herbert Simon)[2]和尼尔斯·约翰·尼尔森(Nils John Nilsson)[3]等人。

符号主义在不同历史时期都有代表性的成果，例如纽厄尔和西蒙合作研发的信息处理语言(Information Processing Language，IPL)，以及启发式程序逻辑理论家(Logic Theorist，LT)和通用问题求解器[4](General Problem Solver，GPS)。

1956年，西蒙团队合作研发 IPL，基于 IPL 编写出 LT 并在兰德公司(RAND)的 JOHNNIAC 计算机上成功运行。IPL 是世界上首个专为人工智能设计、基于列表(List)的编程语言。

符号主义学派主张运用逻辑方法来建立人工智能的统一理论体系。数学逻辑从19世纪末起就获得迅速发展，到20世纪30年代开始用于描述智能行为。计算机的问世实现了逻辑演绎系统，即利用计算机研究人类思维过程，模拟人类智能活动。符号主义学派早在1956年就提出了"人工智能"这个术语，并在20世纪80年代取得很大发展。

符号主义学派认为人的物理能力和心智能力是分开的，可通过人工智能来模拟心智能力，即用计算机的符号操作来模拟人的认知过程。人工智能的核心问题是知识表示、知识推理和知识运用。知识可用符号表示和推理，由此建立起基于知识的人类智能和机器智能的统一理论体系。

符号主义学派为人工智能的发展作出重要贡献，尤其是专家系统的成功开发与应用，对人工智能走向工程应用具有特别重要的意义。在其他的学派出现以后，符号主义学派仍然是人工智能的主流学派。

1.2.2　连接主义学派

连接主义(Connectionism)学派又称为仿生学派或生理学派，其原理主要是神经网络及

---

① 艾伦·纽厄尔(1927年3月19日—1992年7月19日)是计算机科学和认知信息学领域的科学家，曾在兰德公司以及卡内基梅隆大学的计算机学院、泰珀商学院和心理学系任职。

② 赫伯特·西蒙(1916年6月15日—2001年2月9日)出生于美国威斯康星州密尔沃基，是计算机领域的著名科学家。1943年他毕业于芝加哥大学并获得政治学博士学位，主要供职于国际城市管理者协会、加州大学伯克利分校、伊利诺伊理工学院、卡内基梅隆大学等。他曾经获得过"诺贝尔经济学奖"、计算机领域的"图灵奖"等世界顶尖奖项。

③ 尼尔斯·约翰·尼尔森(1933年2月6日—2019年4月23日)是人工智能领域的开创者之一，是斯坦福大学计算机科学系的首位 Kumagai 教授，他曾在1958年获得斯坦福大学电子工程博士学位，研究领域包括搜索、规划、知识表示和机器人技术等。

④ 通用问题求解器是由西蒙和纽厄尔等人于1957年创建的一个计算机程序，该程序基于西蒙和纽厄尔关于逻辑机的研究，用于作为普遍问题解决机。

神经网络间的连接机制与学习算法。连接主义是一种利用数学模型来研究人类认知的方法，被称为连接网络或人工神经网络。连接主义学派认为人工智能源于仿生学，特别是人脑模型的研究。

连接主义学派的代表成果是 1943 年由生理学家麦卡洛克（W. S. McCulloch）和数理逻辑学家皮茨（W. Pitts）创立的脑模型，即 M-P 模型①，它开创了用电子装置模仿人脑结构和功能的新途径。

20 世纪 60 至 70 年代，出现了以感知机为代表的脑模型研究热潮。70 年代，由于理论模型、生物原型和技术条件限制，脑模型的研究进入低潮。直到 80 年代，约翰·J. 霍普菲尔德（John J. Hopfield）②提出用硬件模拟神经网络，连接主义才重新换发生机。1986 年鲁梅尔哈特（D. E. Rumelhart）等人提出多层网络中的反向传播算法③，这使得连接主义势头大振。20 世纪后期，连接主义进入全盛时期，具有多层结构模型的卷积神经网络④、逐渐兴起的大数据技术及飞速发展的计算机新技术的有机结合，使它成为人工智能第三次高潮的主要技术手段。

1.2.3 行为主义学派

行为主义（Actionism）学派又称进化主义（或控制论）学派，其原理是控制论及感知-动作型控制系统。行为主义学派认为人工智能源于控制论。控制论把神经系统的工作原理与信息理论、控制理论、逻辑以及计算机联系起来。

控制论思想早在 20 世纪 40 至 50 年代就成为时代思潮的重要部分，影响了早期的人工智能工作者。维纳（Wiener）和麦卡洛克等人提出的控制论和自组织系统以及钱学森等人提出的工程控制论和生物控制论，影响了许多领域。行为主义学派早期的重点研究工作是模拟人在控制过程中的智能行为和作用，如对自寻优、自适应、自镇定、自组织和自学习等控制论系统的研究，并进行"控制论动物"的研制。到 20 世纪 60 至 70 年代，控制论系统的研究取得一定进展，20 世纪 80 年代智能控制和智能机器人系统诞生。行为主义在 20 世纪末才以人工智能新学派的面孔出现。这一学派的代表成果首推布鲁克斯（Brooks）开发的六足行走机器人，它被看作新一代的"控制论动物"，是一个基于感知-动作模式模拟昆虫行为的控制系统。另一款典型产品是由波士顿动力公司研发的"波士顿"大狗，它不仅可以跋山涉水，还可以承载较重的负荷。"波士顿"机器人既可以自行沿着预先设定的简单路线行进，也可以被远程控制。

人工智能的研究学派，已从符号主义"一枝独秀"的局面发展到多个学派"百花争艳"的繁荣景象。各学派通过不同的途径和方法进行深入的研究和探索，并取得了长足的进展。

---

① M-P 模型是 1943 年由麦卡洛克和皮茨等提出的利用神经元网络对信息进行处理的数学模型，从此人们开始了对神经元网络的研究。

② 约翰·J. 霍普菲尔德是美国科学家，他在 1982 年提出了一种联想神经网络。它现在更普遍地被称为霍普菲尔德网络。

③ 反向传播算法简称 BP 算法，是适合于多层神经元网络的一种学习算法，它建立在梯度下降法的基础上。

④ 卷积神经网络（Convolutional Neural Network，CNN）是一类包含卷积计算且具有深度结构的前馈神经网络（Feedforward Neural Network），是深度学习的代表算法之一。

虽然各学派在人工智能的基本理论、研究方法和技术路线等方面有着不同的观点，甚至在某些观点上展开了激烈的论争，但其目的是相同的，都是研究如何模仿人的智能，如何利用机器智能来造福人类。各学派之间的论争对人工智能的发展是有好处的。表1-2-1对符号主义、连接主义和行为主义三个学派的特点进行了对比分析。

表 1-2-1　符号主义、连接主义和行为主义的对比

学派分类	符号主义	连接主义	行为主义
别名	逻辑主义、心理学派、计算机学派	仿生学派、生理学派	进化主义、控制论学派
思想起源	数理逻辑	仿生学	控制论
认知基源	符号	神经元	动作
主要原理	物理符号系统	人工神经网络	控制论、感知-控制系统
代表成果	启发式程序逻辑理论家	M-P 模型	布鲁克斯六足行走机器人
研究领域	知识工程、专家系统	机器学习、深度学习	智能机器人、智能控制
发展阶段	1956 年提出人工智能概念；20 世纪 80 年代快速发展；20 世纪 90 年代后发展缓慢	1943 年开始；20 世纪 70 年代至 80 年代进入低潮；20 世纪 90 年代快速发展至今	20 世纪末开始出现并快速发展
代表人物	纽厄尔（Newell）、西蒙（Simon）、尼尔森（Nilsson）	霍普菲尔德（Hopfield）、鲁梅尔哈特（Rumelhart）和罗森布拉特（Rosenblatt）	维纳（Wiener）、麦卡洛克（McCulloch）和布鲁克斯（Brooks）

1.3　人工智能的发展历程

1.3.1　人工智能的发展阶段

人工智能充满未知的探索，道路曲折起伏，但一直在前进。从 1956 年"人工智能"概念的提出到现在，许多人工智能程序不断出现，它们影响着其他技术的发展。我们将人工智能的发展历程划分为以下 7 个阶段。

1. 萌芽期/孕育期：20 世纪 40 年代—20 世纪 50 年代

20 世纪 40 年代—20 世纪 50 年代为人工智能的萌芽期/孕育期。1956 年以前，数学、逻辑、计算机等理论和技术方面的研究为人工智能的出现奠定了基础。古希腊的亚里士多德（Aristotle）给出了形式逻辑的基本规律，他提出的三段论至今仍然是演绎推理的基本出发点。德国数学家和哲学家莱布尼茨（Leibniz）提出了关于数理逻辑的思想，通过形式逻辑符号化，实现对人类思维的运算和推理。英国数学家艾伦·图灵（Alan M. Turing）在 1936 年创立了自动机理论（亦称图灵机），在理论上奠定了计算机产生的基础。控制论之父维纳于 1940 年主张计算机五原则。他研究了反馈理论，提出所有人类智力的结果都是一种反馈机制的结果，即不断地将结果反馈给机体而产生了动作，进而产生了智能。控制论向人工智能的渗透，形成了行为主义学派，对早期 AI 的发展影响很大。

由于 20 世纪 40 年代计算机的出现，人类开始探索用计算机代替或扩展人类的部分脑力劳动。

1943 年，美国神经科学家麦卡洛克和逻辑学家皮茨提出了人工神经网络的概念，并创建了神经元的数学模型，这是现代人工智能学科的奠基石之一。

1946 年，美国科学家莫克利（J. W. Mauchly）和他的学生埃克特（J. P. Eckert）等人发明了世界上第一台通用电子计算机 ENIAC（Electronic Numerical Integrator And Computer，即电子数字积分计算机）。ENIAC 的计算速度是使用继电器运转的机电式计算机的 1000 倍，这使得早期人工智能算法的实现成为可能。

1950 年，"人工智能之父"艾伦·图灵进行了著名的图灵测试：如果一台机器能够与人类展开对话（通过电传设备）而不被辨别出其机器身份，那么称这台机器具有智能（测试机器能否表现出与人无法区分的智能）。令机器产生智能这一想法开始进入人们的视野。

2. 起步发展期：1956 年—20 世纪 60 年代初

1956 年—20 世纪 60 年代初为人工智能的起步发展期。1956 年夏，美国学者约翰·麦卡锡（John McCarthy）作为主要发起人，在美国达特茅斯学院组织了为期两个月的人工智能学术讨论会。会议从不同学科（数学、神经生理学、心理学、信息论和计算机科学等）的角度探讨了人类各种学习和其他智能特征的基础，以及"如何用机器模拟人类智能"等问题，并首次提出了人工智能（Artificial Intelligence，AI）这一术语，标志着人工智能这门新兴学科的诞生，由此掀起了人工智能的第一次浪潮。图 1-3-1 所示为达特茅斯人工智能学术讨论会上的 AI 发起人。

| 约翰·麦卡锡 | 马文·明斯基 | 克劳德·香农 | 雷·所罗门诺夫 | 艾伦·纽厄尔 |
| (John MacCarthy) | (Marvin Minsky) | (Claude Shannon) | (Ray Solomonoff) | (Alan Newell) |

赫伯特·西蒙　亚瑟·塞缪尔　奥利弗·赛弗里奇　纳撒尼尔·罗切斯特　特伦查德·摩尔
(Herbert Simon)　(Arthur Samuel)　(Oliver Selfridge)　(Nathaniel Rochester)　(Trenchard More)

图 1-3-1　达特茅斯人工智能学术讨论会 AI 发起人

3. 反思发展期：20 世纪 60 年代—20 世纪 70 年代初

20 世纪 60 年代—20 世纪 70 年代初为人工智能的反思发展期。人工智能发展初期的突破性进展大大提升了人们对人工智能的期望，也使人们对人工智能的发展过于乐观。于是人们开始尝试更具挑战性的人工智能任务，甚至认为"二十年内，机器将能完成人能做到的一切工作"。

然而，好景不长，人工智能经历了一段时间的狂热之后，开始遇到瓶颈。许多人工智能理论和方法未能得到通用化，在推广和应用方面也存在重重困难。

鲁滨逊(Robinson)的归结法在证明"连续函数之和仍连续"这一微积分的简单事实时，推导了十万步仍无结果；塞缪尔(Samuel)的跳棋程序在获得州冠军之后始终未获得全国冠军；机器翻译中采用的简单的词到词映射方法并未取得成功；从神经生理学角度研究人工智能也遇到了诸多困难……接二连三的失败和预期目标的落空，使得人工智能的发展走入了低谷。

4. 应用发展期：20 世纪 70 年代初—20 世纪 80 年代中

20 世纪 70 年代初—20 世纪 80 年代中为人工智能的应用发展期。在普遍受到怀疑的极端困难条件下，费根鲍姆(Feigenbaum)等一大批人工智能学者仍在努力研究。1977 年第五届人工智能国际会议上，费根鲍姆提出"知识工程(Knowledge Engineering)"的概念。他指出，知识工程师必须把专家的知识变换成易于计算机处理的形式并存储。计算机系统利用知识进行推理来解决实际问题。自此，处理专家知识的知识工程和利用知识工程的应用系统——专家系统成为人工智能发展的新突破口。从此，人工智能开始投入实际应用之中。图 1-3-2 为早期的专家系统 Symbolics 3640。

图 1-3-2 早期的专家系统 Symbolics 3640

20 世纪 70 年代后期，大量优秀的专家系统如雨后春笋般出现。1975 年，由费根鲍姆小组研制的 Mycin 程序在诊断脑膜炎方面，精确程度超过了一般的医生。1976 年，斯坦福大学杜达等人研制出一个地质勘探家系统 Prospector，该系统于 1982 年准确地预测到华盛顿州的一个钼矿位置。与此同时，人工智能在知识表示、不精确推理、人工智能语言、计算机视觉、机器人等领域也有所进展，终于从困境中摆脱出来。

20 世纪 80 年代是知识工程和专家系统发展的黄金时代，专家系统在实际应用中的良好表现为自身发展赢得了持续的动力与资金支持。直到今天，专家系统仍是人工智能最成功的一个领域，它实现了人工智能从理论研究走向实际应用的重大转变。人工智能走入了应用发展的新高潮。

5. 低迷发展期：20 世纪 80 年代中—20 世纪 90 年代中

20 世纪 80 年代中—20 世纪 90 年代中为人工智能的低迷发展期。随着人工智能的应用规模不断扩大，专家系统开发维护成本高、在知识获取和推理能力方面存在不足等问题逐渐暴露出来，并且当时的计算机水平还难以模拟复杂度高且规模大的人工神经网络，这些情况均使得人工智能的应用存在局限性。

1987 年，专家系统所依赖的 Lisp 机器在商业上失败。1992 年，日本政府宣布"第五代计算机"项目失败，结束了为期 10 年的研究，证明了大型的专家系统实际效果并不理想。究其原因，在于算法复杂性以及知识库构建困难。从此，专家系统风光不再。

20 世纪 90 年代以后，计算机发展趋势逐渐演化为小型化、并行化、网络化以及智能化。这一时期，人工智能技术逐渐与多媒体技术、数据库技术等主流技术相结合，并融合在主流技术之中，旨在使计算机更聪明、更有效、与人更接近，人工智能如同一般的计算机应用，不再展现出独特优势。

6. 稳步发展期：20 世纪 90 年代中—2010 年

20 世纪 90 年代中—2010 年为人工智能的稳步发展期。由于网络技术特别是互联网技术的发展，信息与数据的汇聚不断加速，互联网应用的不断普及加速了人工智能的创新研究，促使人工智能技术进一步走向实用化。该时期涌现了很多人工智能经典案例。

1997 年，国际商业机器公司（简称 IBM）的深蓝超级计算机战胜了国际象棋世界冠军卡斯帕罗夫（Garry Kasparov），这是人工智能的一次具有里程碑意义的成功。深蓝的核心算法基于"暴力穷举"方法，通过计算机计算所有可能的棋步，选择最佳的出棋策略。

2002 年，家用机器人诞生。美国 iRobot 公司推出了吸尘器机器人 Roomba，它能避开障碍，自动设计行进路线，还能在电量不足时，自动驶向充电座。Roomba 是目前世界上销量较高的家用机器人。

2006 年，基于深度神经网络和机器学习新方法的深度学习被提出，加上大数据和 GPU 并行计算的推动，"大数据＋深度学习"成为人工智能领域最受重视和最成功的方法，带动整个人工智能领域快速发展。

7. 蓬勃发展期：2011 年至今

2011 年至今为人工智能的蓬勃发展期。随着大数据、云计算、互联网、物联网等信息技术的发展，泛在感知数据和图形处理器等计算平台推动以深度神经网络为代表的人工智能技术飞速发展。这一时期，人工智能大幅跨越了科学与应用之间的"技术鸿沟"，诸如图像分类、语音识别、知识问答、人机对弈、无人驾驶等人工智能技术实现了从"不能用、不好用"到"可以用"的技术突破。在大数据和深度学习的推动下，人工智能技术快速发展，各种智能产品不断涌现。

2011 年，IBM 沃森（Watson）知识问答系统在电视智力竞赛节目《危险边缘》中战胜了两位人类冠军选手。

2012 年，加拿大神经学家团队创造了一个具备简单认知能力、有 250 万个模拟"神经元"的虚拟大脑，命名为"Spaun"，并通过了最基本的智商测试。

2013 年，深度学习算法被广泛运用在产品开发中。Facebook 人工智能实验室成立，主要探索深度学习领域，借此为 Facebook 用户提供更智能化的产品体验；Google 收购了语音和图像识别公司 DNNResearch，推广深度学习平台；百度创立了深度学习研究院等。

2014 年，Goodfellow 和 Bengio 等人提出生成对抗网络（Generative Adversarial Network，GAN），兴起了一股新的研究热潮。这种技术可用于模拟不同风格来合成逼真的图片，还可用于风格转换、模式分类等，并启发机器学习新方法的研究。

2016 年 3 月，谷歌旗下 DeepMind 公司开发的阿尔法围棋（AlphaGo）以总比分 4：1 战胜了围棋世界冠军李世石，引发了社会对新一轮人工智能浪潮的广泛关注和持续热议。2017 年 5 月，升级版的 AlphaGo 以 3：0 战胜了世界排名第一的柯洁。

2020 年 11 月 30 日，DeepMind 公司宣布其研制的人工智能系统 AlphaFold2 可以精准预测蛋白质的 3D 结构，被认为是解决了生物领域 50 年来的重要难题——"蛋白质折叠"问题，这是人工智能的又一次巨大成功。

1.3.2 中国的人工智能发展

中国的人工智能研究起步较晚。1978 年"智能模拟"研究开始被纳入国家计划。1981 年，中国人工智能学会（Chinese Association for Artificial Intelligence，CAAI）成立。1984 年，智能计算机及其系统全国学术讨论会召开。1986 年起，智能计算机系统、智能机器人和智能信息处理（含模式识别）等研究方向被列入国家高技术研究发展计划。1989 年，中国人工智能联合会议（China Joint Conference on Artificial Intelligence，CJCAI）召开。中国科学家在人工智能领域取得了一些具有国际影响力的创造性成果，如吴文俊院士关于几何定理证明的"吴氏方法"。

2006 年是符号逻辑（功能模拟）人工智能诞生 50 周年，中国人工智能学会和美国人工智能学会、欧洲人工智能协调委员会合作，在北京召开了"2006 人工智能国际会议"，系统总结了 50 年来人工智能发展的成就和问题，探讨了未来研究的方向。会议期间，中国人工智能学会提出了以"高等智能"为标志的研究理念和纲领，得到了与会者的普遍认同，中国人工智能研究已在国际上崭露头角。

2009 年 8 月 7 日，温家宝总理在无锡高新微纳传感网工程技术研发中心视察，提出要尽快建立中国的传感信息中心（"感知中国"中心）。同年 11 月 3 日，温家宝总理发表了题为"让科技引领中国可持续发展"的讲话，指示要着力突破传感网、物联网的关键技术。

人工智能自 2016 年起进入国家战略地位。2016 年 3 月，《中华人民共和国国民经济和社会发展第十三个五年规划纲要》发布，人工智能概念进入"十三五"重大工程；2016 年 5 月，国家发展改革委、科技部、工业和信息化部、中央网信办发布《"互联网＋"人工智能三年行动实施方案》，规划确定了在六个具体方面支持人工智能的发展，包括资金、系统标准化、知识产权保护、人力资源发展、国际合作和实施安排；2017 年 3 月，"人工智能"首次被写入政府工作报告；2017 年 7 月，国务院发布《新一代人工智能发展规划》；2018 年 1 月 18

日，"2018 人工智能标准化论坛"发表了《人工智能标准化白皮书(2018 版)》。

2018 年 9 月 17 日，世界人工智能大会在上海开幕，习近平致信祝贺："新一代人工智能正在全球范围内蓬勃兴起，为经济社会发展注入了新动能，正在深刻改变人们的生产生活方式""希望与会嘉宾围绕'人工智能赋能新时代'这一主题，深入交流、凝聚共识，共同推动人工智能造福人类"。

人工智能技术代表着人类的未来。作为负责任的大国，中国始终致力于在人工智能领域构建人类命运共同体，确保人工智能安全、可靠、可控。中国不断提出"中国倡议"，为人工智能全球安全治理注入了不可或缺的领导力。2020 年 11 月，中国领导人在二十国集团领导人第十五次峰会上强调，中方支持围绕人工智能加强对话，倡议适时召开专题会议，推动落实二十国集团人工智能原则，引领全球人工智能健康发展。这展示了中国推动人工智能全球治理进程的信心和决心。2021 年 12 月，中国发布《中国关于规范人工智能军事应用的立场文件》，呼吁各国不谋求绝对军事优势，防止损害全球战略平衡与稳定，强调各国应秉持"智能向善"的原则，遵守国家或地区伦理道德准则。2022 年 11 月，中国结合自身在人工智能伦理领域的政策实践，向联合国《特定常规武器公约》缔约国大会提交了《中国关于加强人工智能伦理治理的立场文件》。中国不仅是人工智能伦理规范的起草者、参与者，还是探索者、践行者。

人工智能作为一项基本技术，在国家相关政策的支持下正朝着全面推进和高质量发展的方向迈进，为大力提高经济社会发展智能化水平、有效增强公共服务和城市管理能力贡献力量。

1.4　人工智能的基本研究内容

人工智能是一门新兴的边缘学科，是自然科学和社会科学的交叉学科。人工智能的基本研究内容非常广泛，从模拟人类智能的角度大概可以分为计算智能、感知智能、认知智能、行为智能、情感智能、类脑智能、群体智能、混合智能等，具体包括问题求解、逻辑推理与定理证明、人工神经网络、自然计算、机器学习、自然语言处理、多智能体、决策支持系统、知识图谱、知识发现与数据挖掘、计算机视觉、模式识别、人机交互、人机融合以及类脑计算等。

1.4.1　计算智能

计算智能是借鉴仿生学的思想，基于生物体系的生物进化、细胞免疫、神经细胞网络等诸多机制，用数学语言抽象描述的计算方法，是基于数值计算和结构演化的智能。计算智能主要分为自然计算和数据挖掘两个大类。

1. 自然计算

自然计算是人们受自然界生物、物理或者其他机制启发而提出的，用于解决各种工程问题的计算方法，其基本思想是通过模拟自然机制使机器产生智能。自然计算覆盖了从生物学到化学，从宏观世界到微观世界几乎所有的自然系统。

2. 数据挖掘

数据挖掘一般是指通过统计、在线分析处理、情报检索、机器学习、专家系统和模式识别等诸多算法，从大量数据中搜索有用信息和规则的过程。

1.4.2　感知智能

感知智能是指通过各种传感器技术模拟视觉、听觉、触觉等感知能力，从而实现语音、图像等的识别。借助计算机的强大计算能力，机器的感知能力可以远超人类。例如，机器视觉不仅可以感知可见光，还可以感知红外线，这是机器智能的一个突出优势。感知智能主要包括计算机视觉和模式识别等内容。

1. 计算机视觉

计算机视觉是指用摄像头、计算机等装置模拟生物的视觉功能，其主要任务包括分析、处理各种图像信息，对三维场景进行感知、识别其至理解。随着深度学习技术的高速发展，基于计算机视觉实现的感知智能得到了新飞跃，在大规模图像、人脸识别等多个方面超越了人类的自然视觉感知智能。

2. 模式识别

模式识别是人类的一项基本智能。模式识别是对表征事物或现象的各种形式（如数值、文字或逻辑关系）的信息进行分析处理，以对事物或现象进行描述、辨认、分类和解释的过程，它是人工智能的重要组成部分。模式识别有着广泛的应用，如字符识别、医疗影像识别、生物特征识别等。

1.4.3　认知智能

认知智能是指使机器拥有类似人的逻辑推理、理解、学习、语言表达、决策等高级智能。与感知智能相比，认知智能具有语言语义理解、自然场景理解、复杂环境适应等能力。认知智能主要研究问题求解、逻辑推理与定理证明、知识图谱、决策系统、机器学习、自然语言处理等内容。

1. 问题求解

问题求解是由早期下棋程序中应用的某些技术发展而来的，主要指知识搜索和问题归约等基本技术。对于要解决的问题，问题求解可采取合适的方法和步骤进行搜索和解答，它的优势在于能处理各种数学公式符号，常用于数学公式运算软件的开发。

2. 逻辑推理与定理证明

逻辑推理是人工智能研究中长期备受关注的子领域。推理包括确定性推理和不确定性推理两大类。定理证明主要包括消解原理及演绎规则等方法。

3. 知识图谱

认知智能的核心在于机器的辨识、思考以及主动学习。其中，辨识表明机器能够基于掌握的知识进行识别、判断和感知；思考强调机器能够运用知识进行推理和决策；主动学习突出机器进行知识运用和学习的自动化、自主化。将这 3 个方面概括起来就是强大的知识库、知识计算能力以及计算资源。为机器构建能理解人类语言的知识图谱，可以极大地提升机器的认知智能水平。深度学习知识图谱如图 1-4-1 所示。

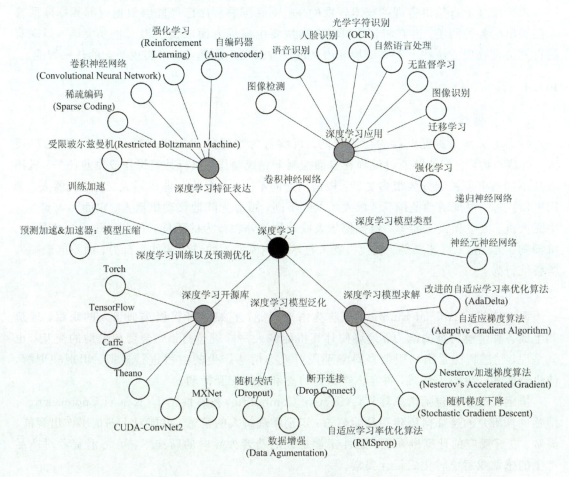

图 1-4-1　深度学习知识图谱

4. 决策系统

决策系统是面向不同应用领域利用计算机建立模型并提供策略、方案等的系统。比较典型的计算机棋类博弈问题就是一种决策系统。从西洋跳棋到国际象棋，再到近期的围棋博弈系统 AlphaGo，计算机决策系统的能力取得了飞跃性提升。除了棋类博弈，决策系统还在自动化、量化投资、军事指挥等方面实现了广泛应用。

5. 机器学习

机器学习是指基于深度学习和大数据技术，模拟人类的学习能力，使机器直接对数据及信息进行分析处理。目前机器学习还不具备自主学习、持续学习能力，还需要人类对数据进行大量标注并对算法事先进行训练。机器学习的应用遍及人工智能各个分支，包括专家系统、自动推理、自然语言理解、模式识别、计算机视觉、智能机器人等。

6. 自然语言处理

自然语言处理（Natural Language Processing，NLP）包括自然语言理解与自然语言生成，是指用计算机模拟人的语言交际过程，使计算机能理解和运用人类社会的自然语言（如汉语、英语等），实现人机之间的自然语言通信，以代替人的部分脑力劳动，包括查询资料、解答问题、摘录文献、汇编资料以及一切有关自然语言信息的加工处理工作。

现阶段基于自然语言理解技术开发的一些对话问答程序已经能够根据内部数据库回答人们提出的各种问题，并在机器翻译、文本摘要生成等方面取得了很多重要突破。但现有的自然语言处理方法在上下文语境和语义理解方面还不成熟，尚未实现类人的认知智能。

1.4.4 其他智能

1. 行为智能

行为主义旨在实现机器的行为智能。机器行为智能的代表成果就是各种各样的机器人、机器动物，它们能够通过编程在自动控制下完成动作、执行某些操作或作业任务。机器人从不同角度可被划分为很多类型：根据用途的不同，可分为工业机器人、农业机器人、军用机器人等；根据活动范围、区域或场景的不同，可分为陆地移动机器人、水面无人艇、空中无人机、太空无人飞船等；根据模仿人或动物的外在行为的不同，可分为仿人形机器人、机器狗、机器鱼、机器鸟等。现代机器人技术仅能模拟人的肢体和外观行为，尚不能模拟人类智能行为。

2. 情感智能

人工情感(Artificial Emotion)又称为情感智能，它赋予计算机类似于人的观察、理解和生成各种情感特征的能力，最终使计算机能像人一样进行自然、亲切和生动的交互。也就是说，情感智能是指利用信息科学手段对人类情感产生的过程进行模拟、识别和理解，使机器能够产生类人情感，并与人类进行自然和谐的交互活动。

情感智能主要包括情感计算(Affective Computing)和感性工学(Kansei Engineering)。情感计算研究的是如何创建一种能感知、识别和理解人的情感，并能对人的情感作出智能、灵敏、友好反应的计算机系统。感性工学是以消费者为导向的新技术，可将消费者对产品产生的感觉或意境转化成设计要素。

3. 类脑智能

迄今为止，研究人员对于人脑的模拟主要表现在利用人工神经网络模拟人脑神经网络结构并进行简单的运算和处理，而对人脑神经系统如何实现感知、认知、语言表达等功能性的研究还处于起步阶段。未来，人们将依据脑科学的发现，发展类脑芯片和类脑计算机，通过类脑计算方式最终实现类脑智能。

4. 群体智能

群体智能是指模拟自然界中鱼群、鸟群、蜂群、狼群和细菌群等动物群体的行为，利用群体间的信息交流与合作，通过个体间互动实现智能协作。群体智能的主要研究内容包括群体智能算法和多智能体(Multi-Agent)。

1) 群体智能算法

群体智能算法基于概率搜索算法，包括粒子群算法、蚁群算法以及其他受到生物群体启发而提出的自然计算方法，主要用于求解各类优化问题，如函数优化、组合优化、单目标优化、多目标优化等。

2) 多智能体

多智能体系统属于分布式人工智能，其本质是通过多个智能体的有机组合构建计算社会。以感知为中心的人工智能方法主要研究分布的松散耦合个体（Agent）如何协同运用它们的知识、技能、信息以尽可能好地实现各自的或全局的目标或规划。

未来的群体智能将走向人与人、人与机器、机器与机器之间相互交织的网络化智能，通过网络将个体智能汇聚在一起，形成远超个体智能的新型智能形态或者超级智能形态。

5. 混合智能

混合智能系统是在解决现实复杂问题的过程中，从基础理论、支撑技术和应用视角，为克服单一技术的缺陷，采用不同的混合方式，从而获得的运行效率更高、知识表达能力和推理能力更强的智能系统。混合智能的研究与应用主要包括人机融合与人机交互两个方面。

▶▶ 1.5 人工智能的发展前景与挑战

1.5.1 人工智能的发展前景

展望未来，智能化是未来的重要趋势之一，产业互联网的发展必然会带动人工智能的发展。尤其是随着互联网的发展，大数据、云计算和物联网等相关技术的升级，必然会牵动技术的演进，以及促使应用场景由企业智能向产业智能延伸。

1. 基础设施升级，拓展人工智能应用场景

随着5G、移动计算、超级计算、穿戴设备、物联网等基础设施的升级，人工智能的应用场景由原来的让计算机模拟一个人的智能行为，拓展到可以涵盖智能城市、智能教育、智能工厂、智能医疗、智能制造、智能零售等多个综合应用场景。

2. 推进大数据、云计算和物联网的普及与运用

随着新一代信息技术革命的到来，人工智能将首先在互联网领域中得到广泛普及与应用。在此过程中，人工智能将通过与新一代信息技术（如大数据、云计算、物联网、工业互联网、无人驾驶）的融合发展，极大地提高这些领域的劳动生产率，推动这些领域飞速发展。

3. 促进我国的经济转型和产业升级

我国的互联网发展进程缓慢，目前还处于从消费互联网到工业互联网的转型过程中。融合大数据、云计算、边缘计算、5G、物联网、数据存储与传输设备、智能芯片等新一代信息技术将是未来发展产业互联网的重要战略目标。与此同时，在产业升级过程中也会释放出大量的就业岗位，技术与产品岗位的大量空缺给了高校毕业生很大的发展空间，未来对于专业技术人才的需求将大幅度提高，与之相应的是这些岗位的待遇也会有所提升。

1.5.2 人工智能发展所面临的挑战

人工智能的未来令人充满期待，但不可避免地存在着一些问题。针对现阶段人工智能的发展情况，可考虑数据和模型共同驱动，将感知与认知相结合。下一代人工智能的挑战就是在开放的环境中，使机器能够处理常识性问题和不确定性推理。在人工智能发展的过程中，海量数据、网络过拟合、超参数优化的困难、高性能硬件的缺失、解释性差是我们需要解决的问题。如何通过常识、先验知识、因果推理手段解决模型的鲁棒性、可解释性、安全性的问题，也是人工智能需要阐述的。

目前人工智能主要面临以下几个方面的困难和挑战。

1. 数据获取困难、算法研究有待突破

人工智能模型的好坏不仅依赖于大量数据的训练，也取决于数据质量的高低。而各国政府、企业、研究机构都更加重视并加强对数据和隐私的保护，这在一定程度上会限制数据的获取。此外，虽然在人工智能领域已经有比较成熟的算法技术，比如决策树、随机森林、逻辑回归、支持向量机、朴素贝叶斯等，国内各大高校团队也一直有深入研究，但是在实际工程应用结合方面还存在很大的问题，将先进的算法与本土科研成果结合一直发展缓慢，算法研究有待突破。

2. 算力以及 AI 框架软件

首先，人工智能需要巨大的计算能力来训练它的模型，并且随着深度学习算法的发展，需要更为强大的内核和 GPU 来确保此类算法高效工作。其次，框架软件是人工智能生态中较为重要的一环，在 AI 框架软件方面，国外已经开发出了成熟、开源的框架软件，但是国内的 AI 框架软件起步较晚，急需促进国产自研框架软件的发展和推广，以摆脱国外软件生态的制约。

3. 业务场景理解

在加快产业落地的过程中，人工智能技术与企业需求之间仍然存在鸿沟。待解决的业务问题主要集中在通用型场景中，需要从业务全流程角度考虑。原先的感知智能已经无法支撑，需逐步过渡到认知智能，加强对业务的理解，提高决策分析能力。与此同时，面对复杂的业务场景，企业对于高层次人才的需求尤为迫切。这类人才不仅需要掌握技术能力，还需要理解业务场景，积累业务经验，了解业务规则，从而推动人工智能应用的快速落地。

1.6　人工智能的安全与伦理

基于法律和伦理学研究，规范人类对机器人等人工智能技术的使用，可以避免产生机器智能伦理问题，实现人工智能与人类的和谐相处，从而构建和谐的人机关系。任何一项人工智能技术的应用都必须以符合人类的伦理、价值以及利益需要为前提。

人工智能技术涉及的伦理问题包括人权伦理、责任伦理以及环境伦理等方面。

1.6.1　人权伦理问题

人权是我们国家公民最基本的权利，科技的发展只有建立在人权的基础上才会被认可。随着人工智能科学的发展，机器人的功能越来越复杂，甚至还会拥有自己的情感，不难推测会出现很多与人类更相似的产品。当人工智能技术进化到与人类相似时，人工智能这一本体是否拥有人权？如果有，这些权利由谁来规范？如何让人工智能忠实地服务人类而不是在未来统治人类？要回答这些问题，必须找到问题的根源所在。

我们应该考虑到，人性是人类唯一拥有的一种特性，其他任何形式的产物都不能超越人性。人工智能技术在整个发展过程中应该本着为人服务、造福于人的原则。因此，有必要

制定相关的伦理制度以规范和引导人工智能技术符合人类发展需求。

1.6.2　责任伦理问题

　　世界上第一个机器人诞生于 20 世纪 50 年代，到现在已有七十多年，如今人工智能技术在各个领域的应用呈现出百花齐放的态势。当然，基于人工智能技术的机器人应当拥有"高智能"，应当有学习功能并可以"自学成才"。那么在可预见的未来，这些机器人会不会像人一样根据自己的想法"自作主张"，从而造成损失和危害呢？

　　人类创造了智能人，那么当这些智能人给人类社会造成一些不可挽回的损失之后，这份责任应该由谁来承担？比如，运用于医疗行业的专家系统如果出现医疗事故，甚至出现机器人之间互相伤害或机器人伤害人类的情况，这些责任应该由谁来承担？是机器人本身，或是制造机器人的研究人员，还是机器人使用者？此外，他们应该负什么样的责任？

1.6.3　环境伦理问题

　　技术的发展也会带来环境负担，往往会以牺牲生态环境为代价。人工智能技术的发展所带来的环境伦理问题越来越严重，包括对自然资源的消耗、产品更新换代产生的各种垃圾等。如果不加以约束和规范，可能会使生态环境问题更加严峻，不利于我们所追求的资源可持续化、人与自然和谐发展等目标，从而威胁到人类自身的发展。我们应该明确在人工智能技术发展过程中对生态环境的尊重与保护，但目前在这方面的相关法律法规或者约束手段还远远不够。

人工智能概述

本 章 习 题

1. 人工智能的概念是什么？
2. 人工智能如何分类？请各举一例说明。
3. 人工智能的近期目标包括哪些？
4. 人工智能的主要学派有哪些？
5. 人工智能蓬勃发展期的特点是什么？

第2章 人工智能基础技术

人类智能在计算机上的模拟就是人工智能，而智能的核心是思维，因而如何把人们的思维活动形式化、符号化，使其在计算机上实现，就成为人工智能研究的重要课题。在这方面，逻辑相关理论、机器学习、神经网络等基础技术起着十分重要的作用。

本章主要对逻辑与推理、机器学习、神经网络与深度学习的相关概念和方法做简要讨论，以便对人工智能的基础技术有一个初步的认识。

2.1 逻辑与推理

人类思维活动的一个重要功能就是设定一些逻辑规则，然后进行分析，如通过归纳和演绎等手段对现有观测现象由果溯因（归纳）或自因溯果（推理），从观测现象中得到结论。因此，逻辑和推理是人工智能的核心问题。

命题逻辑与谓词逻辑是最先应用于人工智能的两种逻辑，对知识的形式化表示，特别是定理的自动证明发挥了重要作用，在人工智能的发展史中占有重要地位。谓词逻辑是在命题逻辑的基础上发展起来的，命题逻辑可看作谓词逻辑的一种特殊形式。下面首先讨论命题逻辑。

2.1.1 命题逻辑

1. 命题逻辑概述

命题是一个能确定为真或假的陈述句。

在命题逻辑中，命题通常用小写字母来表示，如 p、q、r、s 等。命题总是具有一个"值"，这个"值"称为真值。真值有为真或为假两种，分别用符号 T(True)和 F(False)表示。只有具有确定真值的陈述句才是命题，无法判断正确或错误的描述性句子都不能作为命题。

例 2-1-1 判断下列句子是否为命题。

（1）北京是中国的首都。

（2）请出去。

（3）您去开会吗？

（4）15 能被 16 整除。

（5）这条路真长啊。

（6）我正在说谎。

解 本例中（1）和（4）是命题，且（1）是真命题，（4）是假命题。（2）是祈使句，（3）是疑问句，(5)是感叹句，无法从现有条件中判断这 3 个句子的真假，因此这 3 个句子不是命题。(6)既不能为真，也不能为假，是悖论，所以(6)不是命题。悖论不是命题，在本书中不做过多讨论。

在命题逻辑中，一个或真或假的描述性陈述句被称为原子命题[①]，若干原子命题可通过逻辑运算符来构成复合命题[②]。

5 种主要的命题联结词如表 2-1-1 所示。

表 2-1-1　5 种主要的命题联结词

命题联结词	表示形式	含　　义
与(and)	$p \wedge q$	命题合取，即"p 且 q"
或(or)	$p \vee q$	命题析取，即"p 或 q"
非(not)	$\neg p$	命题否定，即"非 p"
条件(condition)	$p \rightarrow q$	命题蕴涵，p 称为前件，q 称为后件，即"如果 p，则 q"
双向条件(bi-conditional)	$p \leftrightarrow q$	命题双向蕴涵，即"p 当且仅当 q"

例如，以下是几个复合命题的例子。

(1) 如果今天天气晴朗，三年级二班的同学就去春游。

(2) 如果计算机机房停电，那么今天的实验将无法进行。

(3) 艾伦·图灵不仅是一位数学家，而且是一名逻辑学家。

复合命题的真假可通过真值表来确定。表 2-1-2 介绍了 5 种主要联结词构成的复合命题的真值表。

表 2-1-2　5 种主要联结词构成的复合命题的真值表

p	q	$\neg p$	$p \wedge q$	$p \vee q$	$p \rightarrow q$	$p \leftrightarrow q$
F	F	T	F	F	T	T
F	T	T	F	T	T	F
T	F	F	F	T	F	F
T	T	F	T	T	T	T

值得注意的是，条件命题联结词中前件为假时，无论后件取值如何，复合命题均为真。"如果 p，则 q($p \rightarrow q$)"定义的是一种蕴涵关系，也就是命题 q 包含命题 p(p 是 q 的子集)。p 不成立相当于 p 是一个空集，而空集是任何集合的子集。因此，当 p 不成立时，"如果 p，则 q($p \rightarrow q$)恒为真"。

[①] 原子命题指不包含其他命题作为其组成部分的命题，又称为简单命题。

[②] 复合命题指包含其他命题作为其组成部分的命题。

逻辑等价：给定命题 p 和命题 q，如果 p 和 q 在所有情况下都具有相同的真假结果，那么 p 和 q 在逻辑上等价，一般用≡来表示，即 p≡q。

逻辑等价为命题进行形式转换带来了可能，基于这些转换，人们可以不用通过逐一列出 p 和 q 的真值表来判断两者是否在逻辑上等价，而是可直接根据已有逻辑等价公式来判断 p 和 q 在逻辑上是否等价。

2. 命题公式

下面以递归形式给出命题公式的定义。

(1) 原子命题是命题公式。

(2) 若 p 是命题公式，则¬p 也是命题公式。

(3) 若 p、q 是命题公式，则 p∨q、p∧q、p→q、p↔q 均为命题公式。

(4) 只有按(1)～(3)所得的公式才是命题公式。

如上，命题公式就是一个按照上述规则由原子命题、联结词和一些括号组成的字符串，命题公式有时又叫作命题演算公式。命题公式可以用来表示知识，尤其是事实性知识，但是它也存在很大的局限性。如命题公式无法把所描述的客观事物的结构和逻辑特征反映出来，也不能把不同事物的共同特征表示出来；而且有些简单的论断(例如著名的苏格拉底三段论：所有人都是要死的，苏格拉底是人，所以苏格拉底是要死的)无法用命题逻辑进行推理证明。

于是，在命题逻辑的基础上发展了谓词逻辑。

2.1.2 谓词逻辑

谓词是用来刻画个体属性或描述个体之间关系存在性的词，谓词逻辑适合于表示事物的状态、属性、概念等，也可用来表示事物间确定的因果关系。

1. 概念

谓词逻辑是基于命题中谓词分析的一种逻辑。一个谓词可分为个体与谓词名两部分。个体表示某个独立存在的事物或者某个抽象的概念；谓词名用于刻画个体的性质、状态或个体间的关系。

谓词的一般形式是：

$$P(x_1, x_2, \cdots, x_n) \tag{2-1}$$

其中，P 是谓词名，$x_1, x_2, \cdots, x_n$ 是个体。谓词中包含的个体数目称为谓词的元数。$P(x)$ 是一元谓词，$P(x, y)$ 是二元谓词，$P(x_1, x_2, \cdots, x_n)$ 是 n 元谓词。

谓词名是由使用者根据需要人为定义的，一般用具有相应意义的英文单词表示，或者用大写的英文字母表示，也可以用其他符号甚至汉字表示。个体通常用小写的英文字母表示。例如，对于谓词 $S(x)$，既可以定义它表示"x 是一个学生"，也可以定义它表示"x 是一只船"。

在谓词中，个体可以是常量，也可以是变元，还可以是一个函数。个体常量、个体变元、个体函数统称为"项"。

个体常量表示一个或者一组指定的个体。例如，"老张是一名教师"这个命题，可表示为一元谓词 Teacher(Zhang)。其中，Teacher 是谓词名，Zhang 是个体，Teacher 刻画了 Zhang 的职业是教师这一特征。又如，"5＞3"这个不等式命题，可表示为二元谓词 Greater(5,3)。

其中，Greater 是谓词名，5 和 3 是个体，Greater 刻画了 5 和 3 之间的"大于"关系。"Smith 作为一个工程师为 IBM 工作"这个命题，可表示为三元谓词 Works(Smith，IBM，Engineer)。

一个命题的谓词表示也不是唯一的。例如，"老张是一名教师"这个命题，也可表示为二元谓词。

个体变元表示没有指定的一个或者一组个体。例如，"$x<5$"这个命题，可表示为 Less(x，5)。其中，x 是变元。

若变量被一个具体的个体的名字代替，则变量被常量化。当谓词中的变元都用特定的个体取代时，谓词就具有一个确定的真值：T 或 F。

个体变元的取值范围称为个体域，个体域可以是有限的，也可以是无限的。

例如，用 $I(x)$ 表示"x 是整数"，则个体域是所有整数，它是无限的。

个体是函数，表示一个个体到另一个个体的映射。例如，"小李的父亲是教师"，可表示为一元谓词 Teacher(Father(Li))；"小李的母亲与他的父亲结婚"，可表示为二元谓词 Married(Father(Li)，Mother(Li))。其中，Father(Li)、Mother(Li)是函数。

函数与谓词表面上很相似，容易混淆，其实这是两个完全不同的概念。谓词的真值是真或假，而函数的值是个体域中某个个体，函数无真值可言，它只是个体域中从一个个体到另一个个体的映射。

在谓词 $P(x_1，x_2，\cdots，x_n)$ 中，若 $x_i(i=1，2，\cdots，n)$ 都是个体常量、个体变元或个体函数，则称为一阶谓词；如果某个 x_i 本身又是一个一阶谓词，则称它为二阶谓词，依次类推。

例如，"小李的母亲与他的父亲结婚""Smith 是人""Albert 在 Susan 和 David 之间"这几句话的谓词公式表示分别为

Married(Father(Li)，Mather(Li))

Man(Smith)

Between(Albert，Susan，David)

其中，Father(Li)表示 Li 的父亲，是函数符号；同理，Mather(Li)也是函数符号。

2. 量词

为刻画谓词与个体间的关系，在谓词逻辑中引入两个量词：全称量词和存在量词。

全称量词：全程量词表示个体域中的所有(或者一个)个体，用符号 ∀ 表示。

例如，"所有的机器人都是灰色的"可表示为

$$(\forall x)[\text{Robot}(x) \to \text{Color}(x, \text{Gray})] \qquad (2-2)$$

"所有的车工都操作车床"可表示为

$$(\forall x)[\text{Robot}(x) \to \text{Operates}(x, \text{Lathe})] \qquad (2-3)$$

存在量词：表示在个体域中存在个体，用符号 ∃ 表示。

例如，"1 号房间有个物体"可表示为

$$(\exists x)[\text{Inroom}(x, r_1)] \qquad (2-4)$$

全程量词和存在量词可以出现在同一个命题中。例如 $P(x)$ 表示 x 是正数，$F(x, y)$ 表示 x 与 y 是朋友，则：

$(\forall x)P(x)$ 表示个体域中的所有个体 x 都是正数。

$(\forall x)(\exists y)F(x, y)$ 表示对于个体域中的任何个体 x，都存在个体 y，x 与 y 是朋友。

$(\exists x)(\forall y)F(x,y)$表示在个体域中存在个体$x$,与个体域中任何个体都是朋友。

$(\exists x)(\exists y)F(x,y)$表示在个体域中存在个体$x$与个体$y$,$x$与$y$是朋友。

$(\forall x)(\forall y)F(x,y)$表示对于个体域中的任何两个个体$x$和$y$,$x$与$y$都是朋友。

当全称量词和存在量词出现在同一个命题中时,量词的次序将影响命题的意思。

例如,$(\forall x)(\exists y)(\text{Employee}(x)\rightarrow\text{Manager}(y,x))$表示"每个雇员都有一个经理";而$(\exists y)(\forall x)(\text{Employee}(x)\rightarrow\text{Manager}(y,x))$表示"有一个人是所有雇员的经理"。

位于量词后面的单个谓词或者用括号括起来的谓词公式称为量词的辖域,辖域内与量词中同名的变元称为约束变元,不受约束的变元称为自由变元。

在谓词公式[1]中,变元的名字是无关紧要的,可以把一个名字换成另一个名字。但必须注意的是,当对量词辖域内的约束变元进行更名时,必须把同名的约束变元都统一改成相同的名字,且不能与辖域内的自由变元同名;当对辖域内的自由变元进行更名时,不能改成与约束变元相同的名字。

2.1.3　归结演绎推理

推理技术是实现人工智能的基本技术之一,演绎推理分为自然演绎推理和归结演绎推理。其中自然演绎推理是基于常用逻辑等价式以及常用逻辑蕴涵式的推理技术,即从事实出发,利用推理规则推出结论的过程。这种推理过程与人类的思想过程极其相似,但其缺点是极易产生知识爆炸,推理过程中得到的中间结论按指数规律递增,对于复杂问题的推理不利,在计算机上实现起来存在诸多困难。归结演绎推理是基于归结原理且在计算机上得到了较好实现的一种推理技术,是一种有效的机器推理方法。归结原理的出现,使得自动定理证明成为可能,同时也使得人工智能技术向前迈进了一大步。

1. 归结原理

归结原理是鲁滨逊(J. A. Robinson)于1965年提出的,又称为消解原理。其基本思路是通过归结方法不断扩充待判定的子句集,并设法使其包含指示矛盾的空子句。空子句是不可满足(永假)的子句,既然子句集中的子句间隐含着合取关系,空子句的出现实际上判定了子句集不可满足。

1) 归结方法

(1) 归结式。

设有两个子句:

$$C_1 = L \vee C_1', \quad C_2 = \neg L \vee C_2' \tag{2-5}$$

从C_1和C_2中消去互补文字L和$\neg L$,并通过析取将C_1和C_2的剩余部分组成新的子句,即

$$C = C_1' \vee C_2' \tag{2-6}$$

则称C为C_1和C_2的归结式。

例如,有子句$P(A) \vee Q(x) \vee R(f(x))$,$\neg P(A) \vee Q(y) \vee R(y)$,消去互补文字$P(A)$和$\neg P(A)$,生成归结式:

$$Q(x) \vee R(f(x)) \vee Q(y) \vee R(y) \tag{2-7}$$

---

[1]　谓词公式,又称合式公式,是一种形式语言表达式,即形式系统中按一定规则构成的表达式。

（2）归结性质。

定理　两个子句 C_1 和 C_2 的归结式 C 是 C_1 和 C_2 的逻辑推论。

该定理的意思是指，在任一使子句 C_1 和 C_2 为真的解释下，必有归结式 C 为真。这是容易证明的，因为 L 和 $\neg L$ 的互补性，只能同时有其中一个为真；若 L 为真，则为使 C_2 为真，C_2' 必须为真；若 L 为假，则为使 C_1 为真，C_1' 必须为真；既然 C 为 C_1' 和 C_2' 的析取式，那么 C 必定为真。

推论　设 C_1 和 C_2 是子句集 S 中的两个子句，并以 C 作为它们的归结式，则通过往 S 中加入 C 而产生的扩展子句集 S' 与子句集 S 在不可满足的意义上是等价的，即

$$S' \text{ 的不可满足} \Leftrightarrow S \text{ 的不可满足}$$

这个推论确保了用归结原理来判定子句集不可满足的可行性。

（3）空子句。

当 $C_1 = L$ 和 $C_2 = \neg L$ 时，归结式为空；我们以 $\varnothing$ 指示为空的归结式，并称 C 为空子句。显然 C_1 和 C_2 是一对矛盾子句（无论为子句集指派什么解释，不可同时满足），所以空子句实际上是不可满足的子句，进而导致子句集不可满足。换言之，空子句称为用归结原理判定子句集不可满足的成功标志。

2）归结推理过程

下面分别讨论命题逻辑和谓词逻辑中的归结推理过程。

（1）命题逻辑中的归结推理过程。在命题逻辑情况下，子句中的文字只是原子命题公式或取其反，由于不带变量，易于判别哪些子句对包含互补文字，归结过程很简单。

（2）谓词逻辑中的归结推理过程。在谓词逻辑情况下，由于子句中含有变量，不能像命题逻辑那样直接发现和消去互补文字，往往需先对潜在的互补文字作变量置换和合一处理，然后才能用于归结。对潜在的互补文字进行合一处理，就是通过变量置换，使得对应的原子谓词公式变得一致。

例如，有潜在互补文字如下：

$$P(x, y, x, g(x)),\ \neg P(A, B, A, z) \tag{2-8}$$

可以为它们建立多个置换：

$$S_1 = \{A/x,\ B/y,\ g(x)/z\} \tag{2-9}$$

$$S_2 = \{f(w)/x,\ z/y,\ C/z\} \tag{2-10}$$

$$S_3 = \{B/x,\ f(w)/y,\ y/z\} \tag{2-11}$$

置换结果为

$$\{P(x, y, x, g(x)),\ \neg P(A, B, A, z)\}S_1$$

$$= \{P(A, B, A, g(A)),\ \neg P(A, B, A, g(A))\} \tag{2-12}$$

$$\{P(x, y, x, g(x)),\ \neg P(A, B, A, z)\}S_2$$

$$= \{P(f(w), z, f(w), g(f(w))),\ \neg P(A, B, A, C)\} \tag{2-13}$$

$$\{P(x, y, x, g(x)),\ \neg P(A, B, A, z)\}S_3$$

$$= \{P(B, f(w), B, g(B)),\ \neg P(A, B, A, y)\} \tag{2-14}$$

显然，只有 S_1 才能使这对潜在的互补文字中的原子谓词公式变得一致，进而确认互补性，并用于归结。研究者们已经提供了健全的面向任意表达式的合一算法；不过，归结演绎过程中只需对原子谓词公式作合一处理，所以实际上只需通过一个匹配过程去检查两个原子谓词公式的可合一性，并同时建立用于实现合一的置换。匹配的过程可归纳如下：

（1）两个公式必须具有相同的谓词和参数项个数；

（2）从左到右逐个检查参数项的可合一性。

若一对参数项中有一个变量 v（不必关注另一个是否为变量），并初次出现，则这对参数项可合一，并以另一个参数 t 为置换项，与该变量一起构成一个置换元素 t/v。若该变量出现过，则已建立相应的置换元素，就取其置换项，代替该变量，检查是否与另一参数合一；若不能合一，则合一处理失败。若一对参数项中没有一个是变量（往往都是常量），则它们必须相同，否则合一处理失败。

（3）若每一对参数项都可合一，则合一处理成功，并构成用于实现合一的置换。

下面就用该匹配过程对上面例子中的两个原子谓词公式作合一处理。

$$P(x, y, x, g(x)), \ P(A, B, A, z) \tag{2-15}$$

首先，第一对参数项是可合一的，建立置换元素 A/x；接着第二对参数项也是可合一的，建立置换元素 B/y；在第三对参数项中变量 x 已出现过，就取其置换项 A 与另一个参数项（也是 A）作比较，发现合一；最后一对参数项中变量 z 初次出现，与另一参数项 $g(x)$ 一起构成置换元素 $g(x)/z$。从而，这对原子谓词公式可合一，且建立起相应的置换 $S_1 = \{A/x, B/y, g(x)/z\}$。作为谓词逻辑中归结的例子，如子句：

$$C_1 = P(x, y) \lor Q(x, f(x)) \lor R(x, f(y)) \tag{2-16}$$

$$C_2 = \neg P(A, B) \lor \neg Q(z, f(z)) \lor R(z, g(z)) \tag{2-17}$$

令 $L_{11} = P(x, y)$，$L_{21} = \neg P(A, B)$，显然 L_{11} 和 L_{21} 是潜在的互补文字，用上述匹配过程可以确定 L_{11} 和 $\neg L_{21}$ 是可合一的，并建立置换 $S_1 = \{A/x, B/y\}$。注意，变量的置换必须在整个子句对范围内进行，所以消去互补文字，得归结式：

$$Q(A, f(A)) \lor R(A, f(B)) \lor \neg Q(z, f(z)) \lor R(z, g(z))$$

$$\tag{2-18}$$

在谓词演算的情况下，往往两个子句有多于一对存在多组互补文字。该例中就有另一对。令 $L_{12} = Q(x, f(x))$，$L_{22} = \neg Q(z, f(z))$，可以确定 L_{12} 和 $\neg L_{12}$ 是可合一的，并建立置换 $S_2 = \{z/x\}$，消去互补文字，得归结式：

$$P(x, y) \lor R(z, f(y)) \lor \neg P(A, B) \lor R(z, g(z)) \tag{2-19}$$

下面通过一个实例来说明谓词逻辑中的归结推理过程。

例如，给定下列子句集：

（1）$\neg R(x, y) \lor \neg Q(y) \lor P(f(x))$；

（2）$\neg R(z, y) \lor \neg Q(y) \lor W(x, f(x))$；

（3）$\neg P(z)$；

（4）$R(A, B)$；

(5) $Q(B)$。

对这些子句进行归结：

(1) $\neg R(x, y) \vee Q(y)$，(1)和(3)归结，$\{f(x)/z\}$，记为(6)；

(2) $\neg Q(B)$，(6)与(4)归结，$\{A/x, B/y\}$，记为(7)；

(3) 空，(7)和(5)归结。

2. 归结反演

归结演绎的方法为采用间接法(即反证法)证明定理提供了有效手段，我们称应用归结演绎方法的定理证明为归结反演。

归结反演[①]的基本思路是：要从作为事实的公式集 F 证明目标公式 W 为真，可以先将 W 取反，加入公式集 F，标准化 F 为子句集 S，再通过归结演绎证明 S 不可满足，并由此得出 W 为真的结论。

因此一个归结反演系统由两个部分组成：标准化部件和归结演绎部件。前者将每条事实和取反的目标公式分别标准化为子句集，再合并为子句集 S；后者遵从归结演绎方法，控制定理证明的全过程。

例 2 - 1 - 2　某公司招聘工作人员，A、B、C 三人应试，经面试后公司表示如下想法：

(1) 三人中至少录取一人。

(2) 如果录取 A 而不录取 B，则一定录取 C。

(3) 如果录取 B，则一定录取 C。

试证明公司一定录取 C。

证明　设用谓词 $P(x)$ 表示录取 x，则把公司的想法用谓词公式表示如下：

(1) $P(x) \vee P(B) \vee P(C)$；

(2) $P(A) \wedge \neg P(B) \rightarrow P(C)$；

(3) $P(B) \rightarrow P(C)$；

(4) 把要求证的结论用谓词公式表示出来并否定，得 $\neg P(C)$。

把上述公式化成子句集，应用归结原理进行归结：

(1) $P(A) \vee P(B) \vee P(C)$；

(2) $\neg P(A) \vee P(B) \vee P(C)$；

(3) $\neg P(B) \vee P(C)$；

(4) $\neg P(C)$；

(5) 将(1)和(2)归结，得 $P(B) \vee P(C)$；

(6) 将(3)和(5)归结，得 $P(C)$；

(7) 将(4)和(6)归结，得 NIL。

所以公司一定录取 C。

以上是用归结反演来进行证明的，下面介绍归结反演求解问题的步骤。

(1) 已知前提 F 用谓词公式表示，并化为子句集 S。

---

① 归结反演亦称消解反演，是一种通过计算机自动执行逻辑推导，实现定理证明的算法化流程。所使用的证明方法与数学中的反证法思想十分相似，归结反演除了可用于定理证明外，还可用来求取问题的答案。

（2）把待求解的问题 Q 用谓词公式表示，并否定 Q，再与 Answer 构成析取式，即 $\neg Q \lor$ Answer。

（3）把 $(\neg Q \lor$ Answer$)$ 化为子句集，并入子句集 S 中，得到子句集 S'。

（4）对 S 应用归结原理进行归结。

（5）若得到归结式 Answer，则答案就在 Answer 中。

例 2-1-3　已知，王先生（Wang）是小李（Li）的老师，小李与小张（Zhang）是同班同学。如果 x 和 y 是同班同学，则 x 的老师也是 y 的老师。求：小张的老师是谁?

解　把已知前提表示成谓词公式：

（1）$T(\text{Wang}, \text{Li})$；

（2）$C(\text{Li}, \text{Zhang})$；

（3）$(\forall x)(\forall y)(\forall z)(C(x, y) \land T(z, x) \rightarrow T(z, y))$。

把目标表示成谓词公式，并把它否定后与 Answer 析取：

$$\neg(\exists x)T(x, \text{Zhang}) \lor \text{Answer}(x)$$

把上述公式化为子句集，应用归结原理进行归结：

（1）$T(\text{Wang}, \text{Li})$；

（2）$C(\text{Li}, \text{Zhang})$；

（3）$\neg C(x, y) \lor \neg T(z, x) \lor T(z, y)$；

（4）$\neg T(u, \text{Zhang}) \lor \text{Answer}(x)$；

（5）将（1）和（4）归结，得

$$\neg C(\text{Li}, y) \lor T(\text{Wang}, y) \tag{2-20}$$

（6）将（4）与（5）归结，得

$$\neg C(\text{Li}, \text{Zhang}) \lor \text{Answer}(\text{Wang}) \tag{2-21}$$

（7）将（2）与（6）归结，得

$$\text{Answer}(\text{Wang}) \tag{2-22}$$

实际应用中，归结反演系统面临着大子句集引起的演绎效率问题。解决问题的关键在于选择有利于导致快速产生空子句的子句进行归结。若盲目地随机选择子句对进行归结，不仅耗费许多时间，而且还会因为归结出了许多无用的归结式而过分扩张子句集，从而浪费了时空，并降低了效率。

▶▶ 2.2　机器学习

2.2.1　机器学习概述

所谓机器学习，就是要使计算机能够模拟人的学习行为，自动地通过学习获取知识和技能，不断改善性能，实现自我完善。机器学习是当前解决人工智能问题的主要技术，在整个人工智能体系中处于基础和核心地位，目前正处于高速发展阶段。

最早的机器学习算法可以追溯到 20 世纪初。到今天为止，已经过去了 100 多年。从 1980 年机器学习成为一个独立的研究方向开始算起，到现在已经过去了 40 多年。

　　机器学习算法可以分为有监督学习①、无监督学习②、强化学习③ 3 种类型。半监督学习④可以认为是有监督学习和无监督学习的结合。

　　有监督学习通过训练样本得到一个模型，然后用这个模型进行推理。例如，如果需要识别各种水果的图像，则需要用人工标注的（即标好每张图像所属的类别，如苹果、梨、香蕉）的样本进行训练，得到一个模型；然后就可以用这个模型对未知类型的水果进行判断，这称为预测。如果只是预测一个类别值，则称为分类问题；如果需要预测出一个实数，则称为回归问题，如根据一个人的学历、工作年限、所在城市、行业等特征来预测这个人的收入。

　　无监督学习则没有训练过程，通过给定一些样本数据，让机器学习算法直接对这些数据进行分析，得到数据的某些知识，其典型代表是聚类。例如，我们抓取了 1 万个网页，要完成对这些网页的归类，在这里，我们没有事先定义好的类别，也没有已经训练好的分类模型。这时就可以用聚类算法完成对这 1 万个网页的归类，保证同一类网页是同一个主题的，不同类型的网页是不一样的。无监督学习的另外一类典型算法是数据降维，它将一个高维向量变换到低维空间中，并且要保持数据的一些内在信息和结构。

　　强化学习是一类特殊的机器学习算法，算法要根据当前的环境状态确定一个动作来执行，然后进入下一个状态，如此反复进行，目标是让得到的收益最大化。如围棋游戏就是典型的强化学习问题，在每个时刻，要根据当前的棋局决定在什么地方落棋，然后进入下一个状态，反复地放置棋子，直到赢得或者输掉比赛。这里的目标是尽可能地赢得比赛，以获得最大化的奖励。

　　总结来说，这些机器学习算法要完成的任务是：

　　分类算法：根据一个样本预测出其所属的类别。

　　回归算法：根据一个样本预测出一个数量值。

　　聚类算法：保证同一类的样本相似，不同类的样本之间尽量不同。

　　强化学习：根据当前的状态决定执行什么动作，最后得到最大的回报。

　　上面讨论了机器学习的基本概念及分类，接下来将讨论机器学习的各类基本算法。

2.2.2　机器学习算法

　　为了更好地理解不同类型的机器学习算法，我们首先定义一些基本概念。机器学习是建立在数据建模基础上的，因此，数据是进行机器学习的基础。我们可以把所有数据的集

---

①　有监督学习是指利用一组已知类别的样本调整分类器的参数，使其达到所要求的性能的过程，又称为有监督训练或有教师学习。

②　现实生活中常常会有这样的问题：缺乏足够的先验知识，因此难以人工标注类别或进行人工类别标注的成本太高。很自然地，我们希望计算机能代替我们完成这些工作，或至少提供一些帮助。根据类别未知（没有被标记）的训练样本解决模式识别中的各种问题，称为无监督学习。

③　强化学习（Reinforcement Learning，RL），又称再励学习、评价学习或增强学习，是机器学习的范式和方法论之一，用于描述和解决智能体（Agent）在与环境交互的过程中通过学习策略达成回报最大化或实现特定目标的问题。

④　半监督学习（Semi-Supervised Learning，SSL）是模式识别和机器学习领域中研究的重点问题，是有监督学习与无监督学习相结合的一种学习方法。

合称为数据集(Dataset),如图 2-2-1 所示。每条记录称为一个"样本"(Sample),如图 2-2-1 中每个不同颜色和大小的三角形和圆形均是一个样本。样本在某方面的表现或性质称为属性(Attribute)或特征(Feature),每个样本的特征通常对应特征空间中的一个坐标向量,称为特征向量(Feature Vector)。如图 2-2-1 所示的数据集中,每个样本具有形状、颜色和大小三种不同的属性,其特征向量可以由这三种属性构成,即 $x_i = [$shape,color,size$]$。

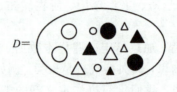

图 2-2-1 数据集示例

机器学习的目标就是从数据中学习出相应的"模型"(Model),也就是说模型可以从数据中学习出如何判断不同样本的形状、颜色和大小。有了这些模型后,在面对新的情况时,模型会给我们提供相应的判断。这样在面对一个新样本时,我们可以根据样本的形状、颜色和大小等不同属性对样本进行相应的分类。

1. 有监督学习

有监督学习作为目前使用最广泛的机器学习算法,已经发展出了数以百计的不同方法。本节将选取易于理解及目前被广泛使用的 K 近邻算法、决策树和支持向量机(Support Vector Machine,SVM)为代表,介绍其基本原理。

1)K 近邻算法

K 近邻算法(KNN 算法)由 Thomas 等人在 1967 年提出,是最简单、最经典的有监督学习算法之一。它的基本思想为:要确定一个样本的类别,可以计算它与所有训练样本的距离,然后找出和该样本最接近的 K 个样本,统计这些样本的类别个数,个数最多的那个类别就是分类结果。图 2-2-2 是使用 K 近邻思想进行分类的一个例子。图中有三角形和方形两类样本,对于待分类的圆圈,我们寻找离该样本最近的 K 个训练样本(选取 $K=3$),我们可以看到其中两个是三角形,一个是方形,则待分类的样本判定为三角形这一类别。该例子是二分类的情况,可以推广到多类,K 近邻算法天然支持多类分类问题。

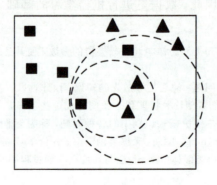

图 2-2-2 K 近邻算法分类示意图

　　K 近邻算法没有要求求解的模型参数，因此没有训练过程，参数 K 由人工确定，它在预测时才会计算待预测的样本与训练样本的距离。

　　对于分类问题，给定一个训练样本(x_i, y_i)，其中，x_i 为特征向量，y_i 为标签值；设定参数 K，假设类别数为 c，待分类样本的特征向量为 x，则预测算法流程如下：

　　（1）在训练样本集中找出距离 x 最近的 K 个样本，假设这些样本的集合为 N；

　　（2）统计集合 N 中每一类样本的个数 C，$i=1,2,\cdots,c$；

　　（3）最终的分类结果为 $\mathrm{argmax}_i C_i$。

　　这里的 $\mathrm{argmax}_i C_i$ 表示最大的 C_i 对应的类别 i。

　　KNN 算法的实现依赖于样本之间的距离值，因此需要定义距离的计算方式。常用的距离函数有欧几里得距离（简称欧氏距离）、Mahalanobis 距离等。

　　欧氏距离就是 n 维欧氏空间中两点之间的距离。对于 $\mathbf{R}^n$ 空间中的两点 x 和 y，它们之间的距离定义为

$$d(x, y) = \sqrt{\sum_{i=1}^{n}(x_i - y_i)^2} \qquad (2-23)$$

　　在使用欧氏距离时应将特征向量的每个分量归一化，以减少特征值的尺度范围不同所带来的干扰，否则数值小的特征向量就会被数值大的特征向量淹没。例如，特征向量包含两个分量，分别是身高和肺活量，身高的范围是 $150 \sim 200$ cm，肺活量为 $2000 \sim 9000$ mL，如果不进行归一化，身高的差异对距离的贡献显然会被肺活量淹没。欧氏距离只是将特征向量看作空间中的点，没有考虑这些样本特征向量的概率分布规律。

　　Mahalanobis 距离是一种概率意义上的距离，给定两个向量 x 和 y 以及矩阵 S，它定义为

$$d(x, y) = -\ln\left(\sum_{i=1}^{n}\sqrt{x_i \cdot y_i}\right) \qquad (2-24)$$

　　要保证括号内的值非负，则矩阵 S 必须是半正定的。这种距离度量的是两个随机向量的相似度。

　　2）决策树

　　决策树是一种十分常用的分类方法，它是一种基于规则的方法，即采用一组嵌套的规则进行预测。

　　顾名思义，决策树是一种树形结构，其节点分为决策节点和叶子节点两种。在树的每个决策节点处，根据判断结果进入一个分支，反复执行这种操作直至到达叶子节点，得到预测结果。这些规则是通过训练得到的，而不是人工制定的。

　　（1）决策树算法。

　　决策树的基本算法是一种贪心算法，它以自顶向下递归的方式构造决策树。算法的基本流程如下：

　　① 树从训练样本中的一个节点属性开始。

　　② 如果样本都属于同一个类，则该节点成为树叶，并用该类标记。

　　③ 否则，算法使用称为信息增益的基于熵的度量作为启发信息，选择能够最好地将样本分类的属性。该属性成为该节点的"测试"或"判定"属性。

④ 对测试属性的每个已知的值，创建一个分支，并据此划分样本。

⑤ 算法使用同样的过程递归地形成每个划分上的样本判定树。一旦一个属性出现在一个节点上，就不必考虑该节点的任何后代。

⑥ 递归划分步骤仅当下列条件之一成立时停止：

a. 给定节点的所有样本属于同一类。

b. 没有剩余属性可以用来进一步划分样本。在此情况下，以样本集中多数样本所属的类别作为当前节点的标记（这是决策树无法分裂时的默认分类策略）。

c. 某一分支没有样本。在这种情况下，以样本集中的多类创建一个树叶。

（2）度量计算方法。

在此算法中的一个关键点是属性选择度量，计算方法如下：

设 S 是 s 个数据样本的集合。假定标号属性具有 m 个不同的值，定义 m 个不同类 C_i ($i=1, 2, \cdots, m$)。设 S_i 是类 C_i 的样本数。对于一个给定的样本，分类所需的期望信息如下：

$$I(S_1, S_2, \cdots, S_m) = \sum_{i=1}^{m} P_i \, \mathrm{lb} \, P_i \qquad (2-25)$$

其中，P_i 是任意样本属于 C_i 的概率，并用 S_i/s 估计。注意，对数函数以 2 为底，这是因为信息用二进制编码。

设属性 A 具有 v 个不同的值 $\{a_1, a_2, \cdots, a_v\}$。可以用属性 A 将 S 划分为 v 个子集 $\{S_1, S_2, \cdots, S_v\}$。其中，$S_j$ 包含 S 中这样一些样本：它们在 A 上具有值 a_j。如果 A 选作测试属性，则这些子集对应包含集合 S 的节点生长出来的分支。设 S_{ij} 是子集 S_j 中种类 C_i 的样本数。由 A 划分成子集的熵或期望信息如下：

$$E(A) = \sum_{j=1}^{v} \frac{S_{1j} + S_{2j} + \cdots + S_{mj}}{s} I(S_{1j}, S_{2j}, \cdots, S_{mj}) \qquad (2-26)$$

其中，$\dfrac{S_{1j} + S_{2j} + \cdots + S_{mj}}{s}$ 表示第 j 个子集的权，并且等于子集（即 A 值为 a_j）中的样本个数除以 S 中的样本总数。熵值越小，子集划分的纯度越高。注意，对于给定的子集 S_j，有

$$I(S_{1j}, S_{2j}, \cdots, S_{mj}) = \sum_{i=1}^{m} P_{ij} \, \mathrm{lb} \, P_{ij} \qquad (2-27)$$

其中，P_{ij} 是 S_j 中样本属于类 C_i 的概率，$P_{ij} = \dfrac{S_{ij}}{|S_j|}$。

在 A 上分支将获得的编码信息如下：

$$\mathrm{Gain}(A) = I(S_1, S_2, \cdots, S_m) - E(A) \qquad (2-28)$$

换言之，$\mathrm{Gain}(A)$ 是由于知道属性 A 的值而导致的熵的期望压缩。

为了将上述信息增益的理论计算转化为构建决策树可执行的流程，算法会先计算给定集合 S 中每个属性的信息增益，挑选出具有最高信息增益的属性作为测试属性。然后创建一个节点，以该属性标记，对属性的每个值创建分支，并据此划分样本。

下面以计算机销售数据为例说明创建决策树的过程。

如表 2-1-1 所示的客户样本训练数据中，每一行代表一个样本点，分别从年龄、收入、是不是学生、信誉度四方面的特征来描述客户属性；"购买计算机"为标记属性，给出客户是否购买计算机的记录。

表 2 - 2 - 1　客户购买计算机数据集

序号	年龄	收入	学生	信誉度	购买计算机
1	小于 30	高	否	一般	否
2	小于 30	高	否	良好	否
3	31～40	高	否	一般	是
4	大于 40	中等	否	一般	是
5	大于 40	低	是	一般	是
6	大于 40	低	是	良好	否
7	31～40	低	是	良好	是
8	小于 30	中等	否	一般	否
9	大于 40	中等	是	一般	是
10	小于 30	低	是	一般	是
11	小于 30	中等	是	良好	是
12	大于 40	中等	否	良好	是
13	31～40	中等	是	一般	是
14	31～40	高	否	良好	否

以此样本作为输入，按照算法流程，最终可得到如图 2 - 2 - 3 所示的决策树。该决策树归纳了购买计算机的客户的所有规则特性。在决策树中，树的根及分支节点用矩形描述，叶子节点用圆形描述。

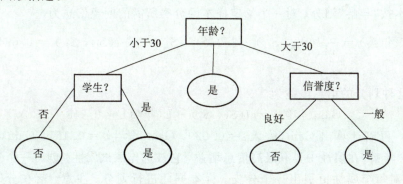

图 2 - 2 - 3　对应的决策树

下面依据算法流程对上述实例构造决策树。该决策树的训练数据共有 4 个属性。其中，"年龄""收入""学生"以及"信誉度"为决策对象属性，即决策树中的非叶子节点；"购买计算机"为标记属性，它在决策树中为叶子节点。决策对象属性集可表示为 attribute_list ＝ {年龄，收入，学生，信誉度}。

① 算法执行从选择 attribute_list 中的第一个属性（作为根）开始，即选择"年龄"作为决策树的根（选择过程即为计算每个属性的信息增益度量值，并选择其最高者）。

② 对"年龄"创建三个分支，构成决策树的第一层，并对样本进行划分。

③ 构造决策树第二层的左边分支，从剩余的决策对象属性集{收入，学生，信誉度}中

选择信息增益度量值最高者"学生"。

④ 对"学生"可做两个分支，即是和否。对"学生"做进一步划分后可得到给定节点的所有样本属于同一类，因此得到两个叶子节点(是和否)。

⑤ 构造决策树第二层的中间分支，该分支中所有样本均属同一类(是)，因此得到一个叶子节点。

⑥ 构造决策树第二层的右边分支，从剩余的决策对象属性集{收入，信誉度}中选取信息增益度量值最高者"信誉度"。

⑦ 对"信誉度"可做两个分支，即一般和良好。对"信誉度"做进一步划分后可得到给定节点的所有样本属于同一类，因此得到两个叶子节点(是和否)。

⑧ 所有样本已全部划分完毕，并且均达到叶子节点，算法结束。

为计算每个属性的信息增益，首先计算给定样本分类所需的期望信息：

$$I(S_1, S_2) = I(9, 5) = -\frac{9}{14}\text{lb}\frac{9}{14} - \frac{5}{14}\text{lb}\frac{5}{14} = 0.940 \qquad (2-29)$$

其次，需要计算每个属性的熵。从属性"年龄"开始，需要观察"年龄"的每个样本值的"是"和"否"分布，分别对每个分布计算期望信息。

对于"年龄"小于30：

$$S_{11} = 2, \quad S_{21} = 3, \quad I(S_{11}, S_{21}) = 0.971$$

对于"年龄"为31～40：

$$S_{12} = 4, \quad S_{22} = 0, \quad I(S_{12}, S_{22}) = 0$$

对于"年龄"大于40：

$$S_{13} = 3, \quad S_{23} = 2, \quad I(S_{13}, S_{23}) = 0.971$$

如果样本按"年龄"划分，对一个给定样本的分类所需的期望信息为

$$E(\text{年龄}) = \frac{5}{14}I(S_{11}, S_{21}) + \frac{4}{14}I(S_{12}, S_{22}) + \frac{5}{14}I(S_{13}, S_{23}) = 0.694$$

$$(2-30)$$

因此，这种划分的信息增益为

$$\text{Gain}(\text{年龄}) = I(S_1, S_2) - E(\text{年龄}) = 0.246$$

类似地，可以计算出 Gain(收入)＝0.029，Gain(学生)＝0.151，Gain(信誉度)＝0.048。由于"年龄"在属性中具有最高信息增益，它被选作测试属性。创建一个节点，用"年龄"标记，并对每个属性值引出一个分支。样本据此进行划分。注意，落在分区"年龄"＝31～40 的样本都属于同一类。由于它们属于同一类"是"，因此要在该分支的端点创建一个树叶，并用"是"标记。算法返回最终决策树。

3) 支持向量机(SVM)

支持向量机是一种基于统计学习理论的机器学习算法，由 Vapnik 等人最早提出。在各类分类算法中，支持向量机有效地实现了有序风险最小化的思想，它不仅要求最优分类面将各类样本无误地分开，保证经验风险最小，而且使两类的间隔最大化。SVM 在解决小样本、非线性及高维模式识别问题中展现出许多特有的优势，因此被广泛应用于各种实际问题。

支持向量机是最大化分类间隔的线性分类器，如果使用核函数，可以解决非线性问题。

　　线性分类器是 n 维空间中的分类超平面,可将空间切分为两部分。对于二维空间,线性分类器是一条直线;对于三维空间,线性分类器是一个平面;超平面是在更高维空间的推广,它的方程为

$$w^{\mathrm{T}}x + b = 0 \tag{2-31}$$

其中,x 为输入向量,w 为权重向量,b 为偏置项。w 和 b 通过训练得到。对于一个样本,如果满足

$$w^{\mathrm{T}}x + b \geqslant 0 \tag{2-32}$$

则被判定为正样本,否则被判定为负样本。

　　图 2-2-4 是一个线性分类器对空间(这里为二维空间)进行分割的示意图。

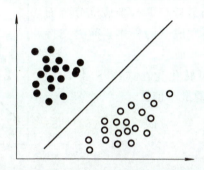

图 2-2-4　二维空间的线性分类器

　　在图 2-2-4 中,直线将二维空间分成了两部分,落在直线左边的点被判定成第一类,落在直线右边的点被判定为第二类。线性分类器的判定函数可以表示为

$$\mathrm{sgn}(w^{\mathrm{T}} \cdot x + b) \tag{2-33}$$

　　给定一个样本的向量,代入式(2-33),就可以得到它的类别值 ± 1。

　　一般情况下,给定一组训练样本,可以得到多个可行的线性分类器,图 2-2-5 就是一个例子。

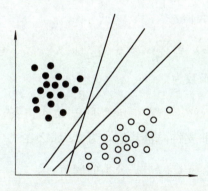

图 2-2-5　不同的线性分类器

　　在图 2-2-5 中,三条直线都可以将两类样本分开。问题是:多个可行的线性分类器中,什么样的分类器是最优的? 从直观上看,为了得到更好的泛化能力,分类平面不应该偏向于任何一类,而是离两个类的样本尽可能远。这种最大化分类间隔的目标就是支持向量机的基本思想。

支持向量机的目标是寻找一个可分类的超平面,该超平面不仅能够正确分类每一个样本,而且要与每一类样本中距离超平面最近的样本的间隔尽可能地大。

假设线性可分样本集为 $(\boldsymbol{x}_i, y_i)$,$i = 1, 2, \cdots, n$,$\boldsymbol{x} \in \mathbf{R}^d$,$y \in (+1, -1)$ 是类别标号。d 维空间中线性判别函数的一般形式为 $g(x) = \boldsymbol{w}^{\mathrm{T}} \cdot \boldsymbol{x} + b$,分类面方程为 $\boldsymbol{w}^{\mathrm{T}} \cdot \boldsymbol{x} + b = 0$。将判别函数归一化,使两类中所有样本都满足 $|g(x)| \geqslant 1$,即使离分类面最近的样本满足 $g(x) = 1$,这样分类间隔就等于 $2/\|\boldsymbol{w}\|$,因此间隔最大等价于使 $\|\boldsymbol{w}\|$(或 $\|\boldsymbol{w}\|^2$)最小。而要求分类线对所有样本正确分类,需满足:

$$y_i(\boldsymbol{w}^{\mathrm{T}} \cdot \boldsymbol{x}_i + b) - 1 \geqslant 0, \quad i = 1, 2, \cdots, n \qquad (2-34)$$

满足上述条件且使 $\|\boldsymbol{w}\|^2$ 最小的分类面就是最优分类面。两类样本中离分类面最近且平行于最优分类面的样本点就是使式(2-34)等号成立的样本,称为支持向量。最优分类面如图 2-2-6 所示。

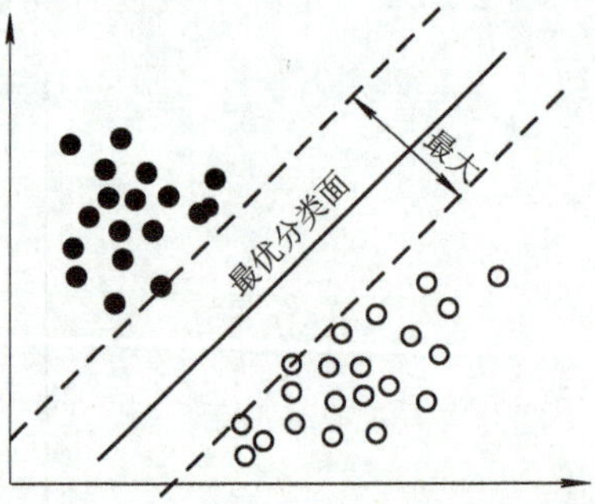

求取最优分类面的过程可转化为在式(2-34)的约束下,求式(2-35)所示函数的最小值:

$$\varphi(\boldsymbol{w}) = \frac{1}{2}\|\boldsymbol{w}\|^2 = \frac{1}{2}(\boldsymbol{w}^{\mathrm{T}} \cdot \boldsymbol{w}) \qquad (2-35)$$

因此,定义 Lagrange 函数:

$$L(\boldsymbol{w}, b, a) = \frac{1}{2}(\boldsymbol{w}^{\mathrm{T}} \cdot \boldsymbol{w}) - \sum_{i=1}^{n} \alpha_i \{y_i[\boldsymbol{w}^{\mathrm{T}} \cdot \boldsymbol{x} + b] - 1\}$$

$$(2-36)$$

图 2-2-6 最优分类面

其中,α_i 为 Lagrange 系数。对 $\boldsymbol{w}$ 和 b 取偏微分求上式最小值,将原问题转换为对偶问题,约束条件为

$$\sum_{i=1}^{n} y_i \alpha_i = 0 \qquad (2-37)$$

$$\alpha_i \geqslant 0, \quad i = 1, 2, \cdots, n \qquad (2-38)$$

对 α_i 求解下列函数的最大值:

$$Q(\alpha) = \sum_{i=1}^{n} \alpha_i - \frac{1}{2} \sum_{i,j=1}^{n} \alpha_i \alpha_j y_i y_j (\boldsymbol{x}_i \cdot \boldsymbol{x}_j) \qquad (2-39)$$

最终可得到的最优分类函数为

$$f(x) = \mathrm{sgn}\{(\boldsymbol{w}^* \cdot \boldsymbol{x}) + b\} = \mathrm{sgn}\left\{\sum_{i=1}^{n} \alpha_i^* y_i (\boldsymbol{x}_i \cdot \boldsymbol{x}) + b^*\right\} \qquad (2-40)$$

其中,α_i^* 为最优解,而对于非支持向量其值均为 0,那么在式(2-40)中,只需要对支持向量进行求和即可;$\boldsymbol{w}^* = \sum_{i=1}^{n} \alpha_i^* y_i \boldsymbol{x}_i$;$b^*$ 是分类的阈值。

在线性不可分的情况下,可以在式(2-37)中增加松弛项 $\xi_i \geqslant 0$,变成:

$$y_i[\boldsymbol{w}^{\mathrm{T}} \cdot \boldsymbol{x} + b] - 1 + \xi_i \geqslant 0, \quad i = 1, 2, \cdots, n \qquad (2-41)$$

这样就得到了线性不可分情况下的最优分类面,称为广义最优分类面。问题转化为求 $\min\limits_{\boldsymbol{w}, b, \xi}\left(\frac{1}{2}\boldsymbol{w}^{\mathrm{T}} \cdot \boldsymbol{w} + C\sum\limits_{i=1}^{l}\xi_i\right)$。$C$ 为某个指定的常数,该参数用于控制对错分样本惩罚的程度,以实现错分样本的比例与算法复杂度之间的折中。

广义最优分类面的求解可采用上述求解最优分类面时的方法，只是对约束条件稍微进行了更改，α_i 有了一个上限 C，即

$$0 \leqslant \alpha_i \leqslant C, \quad i = 1, 2, \cdots, n \qquad (2-42)$$

对于非线性问题，可首先通过非线性变换（函数映射）将输入空间变换到一个高维空间，然后在这个新空间中求取最优线性分类面。这种非线性变换是通过适当的内积函数实现的。这种非线性内积函数被称为核函数。这样最优分类函数变为

$$f(x) = \mathrm{sgn}\left\{ \sum_{i=1}^{n} \alpha_i^* y_i K(\boldsymbol{x}_i,\ \boldsymbol{x}) + b^* \right\} \qquad (2-43)$$

其中，$K(\boldsymbol{x}_i,\ \boldsymbol{x})$ 为满足 Mercer 条件的任意对称函数。常用的核函数主要有线性核函数、多项式核函数、径向基核函数和 Sigmoid 核函数。它们的基本形式如下：

线性核函数：

$$K(\boldsymbol{x}_i,\ \boldsymbol{x}_j) = (\boldsymbol{x}_i,\ \boldsymbol{x}_j)$$

多项式核函数：

$$K(\boldsymbol{x}_i,\ \boldsymbol{x}_j) = (\boldsymbol{x}_i \cdot \boldsymbol{x}_j + 1)^d$$

径向基核函数：

$$K(\boldsymbol{x}_i,\ \boldsymbol{x}_j) = \exp(- g \parallel \boldsymbol{x}_i - \boldsymbol{x}_j \parallel^2)$$

Sigmoid 核函数：

$$K(\boldsymbol{x}_i,\ \boldsymbol{x}_j) = \tanh[b(\boldsymbol{x}_i \cdot \boldsymbol{x}_j) + c]$$

前面介绍的是简单的二分类问题，对于多分类的问题。支持向量机的实现方法是：组合一系列二类分类器，将多个分类面的参数统一纳入同一个最优化框架，然后求解该优化问题，以实现多类分类。

2. 无监督学习

无监督学习就是不受监督的学习。同有监督学习建立在人类标注数据的基础上不同，无监督学习不需要人为进行数据标注，而是通过模型不断地自我认知、自我巩固，最后进行自我归纳来实现学习过程。虽然目前无监督学习的使用不如有监督学习广泛，但这种独特的方法论为机器学习的未来发展方向给出了很多启发和可能性，正在引起越来越多的关注。

我们可以通过一个简单的例子来理解无监督学习。设想我们有一组照片，其中包含着不同颜色的几何形状。但是机器学习模型只能看到一张张照片，这些照片没有任何标记，也就是计算机并不知道几何形状的颜色和外形。将数据输入无监督学习的模型中去，算法可以尝试着理解图中的内容，并将相似的物体聚在一起。在理想情况下，机器学习模型可以将不同形状、不同颜色的几何形状聚集到不同的类别中，而特征提取和标签的划分都是由模型自主完成的。

实际上，无监督学习更接近人类的学习方式。比如，一个婴儿在开始接触世界的时候，父母会拿着一张小猫的照片或者指着一只小猫告诉他这是"猫"。但是接下来在遇到不同的猫的照片或者猫的时候，父母并不会一直告诉他这是"猫"。婴儿会不断地自我发现、学习、调整自己对"猫"的认识，从而最终理解并认识什么是"猫"。相比之下，目前的有监督学习算法则要求我们一次次反复地告诉机器学习模型什么是"猫"，也许要高达数万甚至数十万次。显然，无监督学习的模式更加接近人类的学习方式。

无监督学习算法包括聚类算法、期望最大化算法（Expectation Maximization Algorithm，EM 算法）、自编码器等。其中，聚类算法是较为重要的一种算法，所以本节中以聚类算法为例介绍无监督学习算法的思想。

在聚类算法中，训练样本的标记信息是未知的。给定一个由样本点组成的数据集，数据聚类的目标是通过对无标记训练样本的学习来揭示数据的内在性质及规律，将样本点划分成若干类，使得属于同一类的样本点非常相似，而属于不同类的样本点不相似。需要说明的是，聚类过程仅能自动形成簇结构，簇所对应的概念语义需由使用者来把握和命名，聚类算法事先并不知道这些概念。聚类既能作为一个单独过程用于找寻数据内在的分布结构，也可作为分类等其他学习任务的前驱过程，为进一步的数据分析提供基础。数据聚类在各科学领域（如计算机科学、医学、社会科学和经济学等）的数据分析中扮演着重要角色。

简单来说，聚类是将样本集分为若干互不相交的子集，即样本簇。聚类算法的目标是使同一簇的样本尽可能彼此相似，即其有较高的类内相似度（Intra-Cluster Similarity）；同时不同簇的样本尽可能不同，即簇间的相似度（Inter-Cluster Similarity）低。自机器学习诞生以来，研究者针对不同的问题提出了多种聚类方法，其中使用最为广泛的是 K-均值算法（K-Means）①，如图 2-2-7 所示。

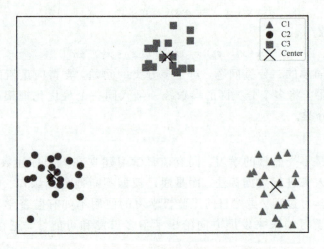

图 2-2-7 聚类算法

3. 强化学习

强化学习可以看作弱监督学习的一类典型算法，其算法理论的形成可以追溯到 20 世纪七八十年代，但它却是在最近才引起学术界和工业界广泛关注的。具有里程碑意义的事件是 2016 年 3 月 DeepMind 开发的 AlphaGo 程序利用强化学习算法以 4∶1 的结果击败围棋世界冠军李世石。如今，强化学习算法已经在游戏、机器人等领域开花结果，谷歌、Facebook、百度、微软等各大科技公司更是将强化学习技术作为其重点发展的技术之一。著名学者 David Silver（AlphaGo 的发明者之一）认为，强化学习是实现通用人工智能的关键路径。

---

① K-均值算法的目标是将样本划分为 K 个类（参数 K 是人为确定的），算法将每个样本划分到离它最近的那个类中心代表的类，而类中心的确定又依赖于样本的划分方案。

　　强化学习需要通过尝试来发现各个动作产生的结果，而没有训练数据告诉机器应当做哪个动作。但是我们可以通过设置合适的奖励函数，使机器学习模型在奖励函数的引导下自主学习出相应策略。强化学习的目标就是研究在与环境的交互过程中，如何学习到一种行为策略以最大化得到的累计奖赏。简单来说，强化学习就是在训练的过程中不断地尝试，错了就扣分，对了就奖励，由此训练得到在各个状态环境当中最好的决策。就好比一只还没有训练好的小狗，人类实际上并没有途径与狗直接进行沟通，告诉它应该做什么、不应该做什么，但是我们可以用食物（奖励）来诱导训练它。每当它把屋子弄乱后，就减少美味食物的数量（惩罚）；表现好时，就增加美味食物的数量（奖励），那么小狗最终会学到把客厅弄乱是不好的行为这一经验。从小狗的视角来看，它并不了解所处的环境，但它能够通过大量尝试学会如何适应这个环境。

　　需要指出的是，强化学习通常有两种不同的策略：一是探索，也就是尝试不同的事情，看是否会获得比之前更好的回报；二是利用，也就是尝试过去的经验当中最有效的行为。举一个例子，假设有 10 家餐馆，你在其中 6 家餐馆吃过饭，知道这些餐馆中最好吃的可以打 8 分，而其余的餐馆也许可以打 10 分，也可能只有 2 分。那么你应该如何选择？如果你以每次的期望得分最高为目标，那就有可能一直在打 8 分的那家餐馆吃饭；但是你永远突破不了 8 分，不知道会不会吃到更好吃的食物。所以，只有去探索未知的餐馆，才有可能吃到更好吃的，这个过程中伴随着不可避免的风险。这就是探索和利用的矛盾，也是强化学习要解决的一个难点问题。

　　强化学习提供了一种新的学习范式，它和之前讨论的有监督学习有明显区别。强化学习处在一个对行为进行评判的环境中，在没有任何标签的情况下，通过尝试一些行为并根据这个行为结果的反馈不断调整之前的行为，最后学习到在什么样的情况下选择什么样的行为可以得到最好的结果。在强化学习中，我们允许结果奖励信号的反馈有延时，即可能需要经过很多步骤才能得到最后的反馈。有监督学习则不同，有监督学习没有奖励函数，其本质是建立从输入到输出的映射函数。就好比在学习的过程中，有一个导师在旁边，他知道什么是对的、什么是错的，并且当算法做了错误的选择时会立刻纠正，不存在延时问题。

2.3　神经网络与深度学习

2.3.1　神经网络

1. 神经网络概述

　　人工神经网络（Artificial Neural Network，ANN），简称神经网络（Neural Network，NN）或类神经网络，是一种模仿生物神经网络（动物的中枢神经系统，特别是大脑）的结构和功能的数学模型或计算模型，用于对函数进行估计或近似。

　　人工神经网络是对人脑或自然神经网络若干基本特性的抽象和模拟。人工神经网络以对大脑的生理研究成果为基础，其目的在于模拟大脑的某些机理与机制，实现某个方面的功能。国际著名的神经网络研究专家 Hecht Nielsen 给人工神经网络下的定义就是：人工神经网络是由人工建立的以有向图为拓扑结构的动态系统，它通过对连续或断续的输入作状态响应而进行信息处理。这一定义是恰当的。人工神经网络的研究可以追溯到1957年Rosenblatt提出的感知机模型（Perceptron）。它几乎与人工智能（AI）同时起步，但之后的几十年并未取得人工智能那样巨大的成功，中间甚至经历了一段长时间的萧条。直到20世纪80年代，获得了关于人工神经网络切实可行的算法，以及以Von Neumann体系为依托的传统算法在知识处理方面日益显露出其力不从心后，人们才重新对人工神经网络产生兴趣，从而导致神经网络的复兴。目前在神经网络研究方法上已形成多个流派，最富有成效的研究成果包括多层网络BP算法、Hopfield网络模型、自适应共振理论和自组织特征映射理论等。人工神经网络是在现代神经科学的基础上提出来的，它虽然反映了人脑功能的基本特征，但远不是自然神经网络的逼真描写，而只是它的某种简化抽象和模拟。

人工神经网络的特点和优越性如下：

（1）具有自学习功能。例如实现图像识别时，只要先把许多的图像样板和对应的应识别的结果输入人工神经网络，网络就会通过自学习功能慢慢学会识别类似的图像。自学习功能对于预测有特别重要的意义。

（2）具有联想存储功能。用人工神经网络可以实现这种联想。

（3）具有高速寻找优化解的能力。寻找一个复杂问题的优化解，往往需要很大的计算量，利用一个针对某问题而设计的反馈型人工神经网络，发挥计算机的高速运算能力，可能会很快找到优化解。

神经网络在各个领域具有广泛的应用，这些领域主要包括模式识别、信号处理、知识工程、专家系统、优化组合、机器人控制等。随着神经网络理论本身以及相关理论、相关技术的不断发展，神经网络的应用将更加深入。

2. 人工神经网络基本原理

1）生物神经元结构

人类大脑是人体中最复杂的器官，由神经元、神经胶质细胞、神经干细胞和血管组成。其中，神经元（Neuron），又叫神经细胞（Nerve Cell），是携带和传输信息的细胞，是人脑神经系统中最基本的单元，其结构如图2-3-1所示。人脑神经系统包含近860亿个神经元，每个神经元由上千个突触和其他神经元相连接。神经元从结构上大致都可分成胞体（Soma）和突起（Neurite）两部分。胞体包括细胞膜、细胞质和细胞核；突起由胞体发出，分为树突和轴突两种。所以从更加细致的分类结构上，神经元可以分为胞体和树突、轴突三个区域。

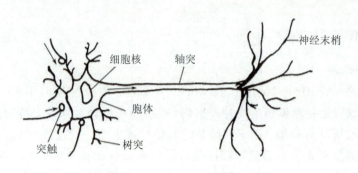

图 2-3-1　生物神经元结构

胞体是神经元的主体，进行呼吸和新陈代谢等生化过程。轴突用来传递和输出信息，其端部的许多神经末梢为信号传输的端子，将神经冲动传给其他神经元。由胞体向外延伸出的其他许多较短的分支称为树突。树突相当于细胞的输入端，树突的全长各点都能接收其他神经元的冲动。神经冲动只能由前一级神经元的神经末梢向下一级神经元的树突或胞体传递，不能反方向传递。突触是本神经元和其他神经元之间的连接接口。大量的神经元通过树突和突触互相连接，最后构造出一个复杂的神经网络。

神经元具有两种常规的工作状态——兴奋或抑制，即满足"0-1"规律。当传入的神经冲动使细胞膜电位升高而超过阈值时，细胞进入兴奋状态，产生神经冲动并由轴突输出；当传入的冲动使细胞膜电位下降而低于阈值时，细胞进入抑制状态，没有神经冲动输出。

生物神经元的信息处理流程简单来说是先通过本神经元的树突接收外部神经元传入本神经元的信息，然后根据神经元内定义的激活阈值选择是否激活该信息。如果输入的信息最终被神经元激活，那么会通过本神经元的轴突将信息输送到突触，最后通过突触传递至与本神经元连接的其他神经元。

2）神经元模型

人工神经网络是由大量处理单元广泛连接而成的网络，是对人脑的抽象、简化和模拟，可反映人脑的基本特性。1943 年，美国神经心理学家麦卡洛克和数学家皮茨提出了神经元模型（M-P 模型），开创了神经科学理论研究时代。

M-P 模型一般应具备三部分，即连接权重、输入信号累加器和激活函数。M-P 模型结构如图 2-3-2 所示。

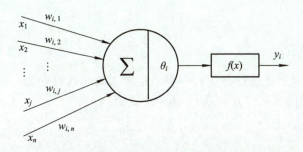

图 2 - 3 - 2 M-P 模型结构

$x_j(j=1, 2, \cdots, n)$ 为神经元 j 的输入信号，$w_{i,j}$ 为突触强度或连接权重，θ_i（或用 b_i 表示）为神经元的阈值，u_i 是输入信号线性组合后的输出，则

$$u_i = \sum_{j=1}^{n} w_{i,j} x_j \qquad (2-44)$$

$f(\cdot)$ 为激活函数，y_i 为神经元 i 的输出，则

$$y_i = f\left(\sum_{j=1}^{n} w_{i,j} x_j - \theta_i\right) \qquad (2-45)$$

其他的一些神经元的数学模型与 M-P 模型的主要区别在于采用了不同的激活函数。这些函数反映了神经元输出与其激活状态之间的关系，不同的关系使得神经元具有不同的信息处理特性。常用的激活函数有阈值型函数、分段线性函数和 S 型函数。

（1）阈值型函数。

阈值型函数的表达式为

$$f(x) = \begin{cases} 1, & x \geqslant 0 \\ 0, & x < 0 \end{cases} \qquad (2-46)$$

阈值型函数通常又称为硬极限函数。单极性阈值型函数如图 2 - 3 - 3(a)所示，M-P 模型采用的就是该激活函数；符号函数 sgn(x)也可以作为神经元激活函数，称为双极性阈值型函数，如图 2 - 3 - 3(b)所示。

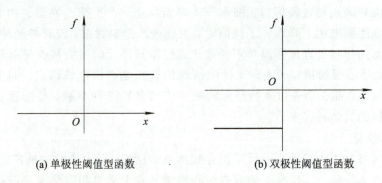

(a) 单极性阈值型函数   (b) 双极性阈值型函数

图 2 - 3 - 3　阈值型函数曲线

（2）分段线性函数。

分段线性函数的表达式为

$$f(x) = \begin{cases} x, & -1 < x < 1 \\ 0, & x \leqslant -1 \end{cases} \qquad (2-47)$$

（3）S 型函数。

S 型函数具有平滑和渐进性并保持单调，是常用的非线性函数。最常用的 S 型函数为 Sigmoid 函数（曲线如图 2 - 3 - 4 所示），其表达式为

$$f(x) = \frac{1}{1 + \mathrm{e}^{-ax}} \qquad (2-48)$$

其中，a 为斜率参数。

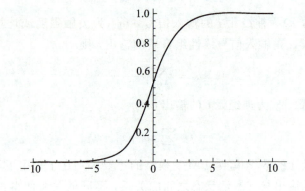

图 2 - 3 - 4　Sigmoid 函数曲线

Sigmoid 函数的缺点是在输入的绝对值大于某个阈值后，过快进入饱和状态，出现梯度消失情况，即梯度会趋于 0，在实际模型训练中会导致模型收敛缓慢，性能不够理想。

对于神经元输出在 $[-1,1]$ 区间时，S 型函数可以选为双曲正切函数（曲线如图 2-3-5 所示），其表达式为

$$f(x) = \frac{1 - e^{-ax}}{1 + e^{-ax}} \qquad (2-49)$$

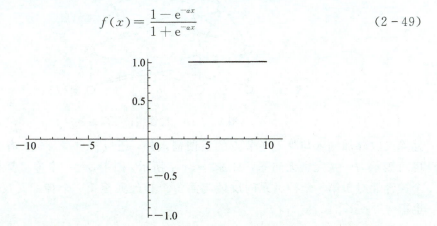

图 2-3-5　双曲正切函数曲线

3）神经网络的类型及结构

神经网络是由众多简单的神经元的轴突和其他神经元或者自身的树突相连接而成的一个网络。尽管每个神经元的结构和功能都不复杂，但神经网络的行为并不是各单元行为的简单相加。网络的整体动态行为是极为复杂的，可以组成高度非线性动力学系统，从而可以表达很多复杂物理系统，表现出一般复杂非线性系统的特性，比如不可预测性、不可逆多吸引子，以及可能出现混沌现象等。

根据神经网络中神经元的连接方式，神经网络可划分为不同类型。目前神经网络主要有前馈型和反馈型两大类。

（1）前馈型神经网络。

网络可以分为若干"层"，各层按信号传输先后顺序依次排列，第 i 层的神经元只接收第 $(i-1)$ 层神经元给出的信号，各神经元之间没有反馈。前馈型神经网络的结构可用有向无环路图表示，如图 2-3-6 所示。

可以看出，输入节点并无计算功能，只是为了表征输入矢量各元素值。各层具有计算功能的神经元，称为计算单元。每个计算单元可以有任意个输入，但只有一个输出，它可送到多个节点作输入。一般称输入层为第 0 层。计算单元的各节点层从下至上依次称为第 1 层至第 N 层，由此构成 N 层前向网络（若把输入层记为第 1 层，则隐含层依次为第 2 层至第 N 层，输出层为第 N+1 层）。

输入层（第一节点层）与输出层统称为"可见层"，而其他中间层则称为隐含层（Hidden Layer），这些神经元称为隐含节点。后面重点介绍的 BP 网络就是典型的前向网络。

（2）反馈型神经网络。

每个节点都表示一个计算单元，同时接收外加输入和其他各节点的反馈输入，每个节点也都直接向外部输出。Hopfield 网络即属此种类型。在某些反馈型神经网络中，各神经

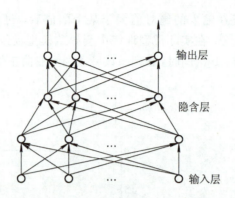

图 2-3-6 前馈型神经网络结构

元除接收外加输入与其他各节点的反馈输入外，还包括自身反馈。有时，反馈型神经网络也可表示为一张完全无向图，如图 2-3-7 所示。图中，每一个连接都是双向的。这里，第 i 个神经元对于第 j 个神经元的反馈与第 j 个神经元至第 i 个神经元反馈的突触权重相等，也即 $w_{i,j} = w_{j,i}$。

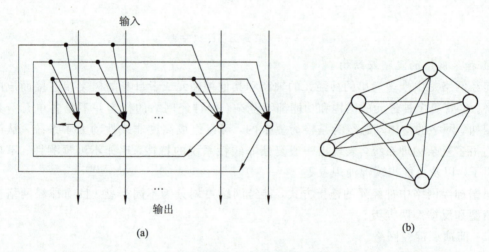

图 2-3-7 反馈型网络结构

以上介绍了两种最基本的人工神经网络结构。实际上，人工神经网络还有许多种连接形式，例如，从输出层到输入层有反馈的前向网络，同层内或异层间有相互反馈的多层网络等等。

4）BP 神经网络及其学习算法

（1）BP 神经网络结构。

BP 神经网络是一种前向无反馈网络，又称为误差反向传播网络。BP 神经网络由一个输入层、一个输出层、一个或多个隐含层组成。每一层包含了若干个节点，每个节点代表一个神经元，同一层上各节点之间无任何耦合连接关系，层间各神经元之间实现全连接，即后一层（如输入层）的每一个神经元与前一层（如隐含层）的每一个神经元实现全连接。网络按照有监督学习的方式学习，当信息被输入网络后神经元受到刺激，激活值从输入层依次经过各隐含层节点，最后在输出层的各节点获得网络的输入响应。三层 BP 神经网络结构示意图如图 2-3-8 所示。

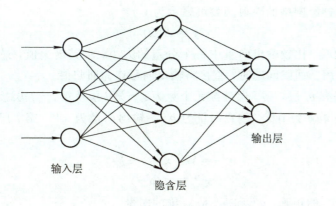

输入层　　　　　隐含层　　　　　　输出层

图 2 - 3 - 8　三层 BP 神经网络模型

在如图 2 - 3 - 8 所示的神经网络中，第一层为输入层，输入数据 $x=(x_1，x_2，x_3)^{\mathrm{T}}$；第二层有 4 个神经元，接收的输入数据为向量 x，输出向量为 $y=(y_1，y_2，y_3，y_4)^{\mathrm{T}}$；第三层为输出层，接收的输入数据为向量 y，输出向量为 $z=(z_1，z_2)$。第一层到第二层的权重矩阵为 $w^{(1)}$，第二层到第三层的权重矩阵为 $w^{(2)}$。权重矩阵的每一行为一个权重向量，是上一层所有神经元到本层某一个神经元的连接权重，这里用上标表示层数。

如果激活函数选用 Sigmoid 函数，则第二层神经元的输出为

$$y_i = \frac{1}{1+\exp\left(-\left(\sum_{j=1}^{3} w_{i,j}^{(1)}x_j + b_1^{(1)}\right)\right)} \tag{2-50}$$

第三层神经元的输出值为

$$z_i = \frac{1}{1+\exp\left(-\left(\sum_{j=1}^{4} w_{i,j}^{(2)}y_j + b_2^{(2)}\right)\right)} \tag{2-51}$$

如果将 y_i 代入式（2 - 51），可以将输出向量 z 表示为输入向量 x 的函数，通过调整权重矩阵和偏置项可以实现不同的函数映射，即从输入向量到输出向量的映射。

神经网络经过激活函数而具有非线性，通过调整权重可形成不同的映射。那么怎样得到权重矩阵和偏置项呢？这就需要通过 BP 学习算法得到。

（2）BP 学习算法。

BP 神经网络是一种按误差反向传播（简称误差反传）训练的多层前馈网络，其学习算法称为 BP 算法。它的基本思想是梯度下降法，利用梯度搜索技术，以期使网络的实际输出值和期望输出值的误差均方差为最小。基本 BP 算法包括信号的正向传播和误差的反向传播两个过程。正向传播时，输入信号通过隐含层作用于输出节点，经过非线性变换，产生输出信号。若实际输出与期望输出不相符，则转入误差的反向传播过程。误差的反向传播是指将输出误差通过隐含层向输入层逐层反传，并将误差分摊给各层所有单元，以从各层获得的误差信号作为调整各单元权重的依据。调整输入节点与隐含层节点的联结强度和隐含层节点与输出节点的联结强度以及阈值，可使误差沿梯度方向下降，经过反复学习训练，确定与最小误差相对应的网络参数（权重和阈值），训练即告停止。此时经过训练的神经网络就能对类似样本的输入信息自行处理，输出误差最小的经过非线性转换的信息。

下面把上述简单例子推广到更一般的情况。假设神经网络的输入是 n 维向量 x，输出

是 m 维向量 $\boldsymbol{y}$，则神经网络的映射函数可表示为

$$\boldsymbol{y} = h(\boldsymbol{x}) \tag{2-52}$$

用于分类问题时，比较输出向量中每个分量的大小，求其最大值，最大值对应分量下标即为分类结果。用于回归问题时，直接将输出向量作为回归值。

假设神经网络有 n_l 层，第 l 层神经元个数为 s_l。第 l 层从第 $l-1$ 层接收的输入向量为 $\boldsymbol{x}^{(l-1)}$，本层的权重矩阵为 $\boldsymbol{W}^{(l)}$，偏置向量为 $\boldsymbol{b}^{(l)}$，输出向量为 $\boldsymbol{x}^{(l)}$。第 l 层输出可以写为以下矩阵形式：

$$\boldsymbol{u}^{(l)} = \boldsymbol{W}^{(l)} \boldsymbol{x}^{(l-1)} + \boldsymbol{b}^{(l)} \tag{2-53}$$

$$\boldsymbol{x}^{(l)} = f(\boldsymbol{u}^{(l)}) \tag{2-54}$$

其中，$\boldsymbol{W}^{(l)}$ 是 $s_l \times s_{l-1}$ 的矩阵，$\boldsymbol{u}^{(l)}$ 和 $\boldsymbol{b}^{(l)}$ 是 s_l 维的向量。

在计算网络输出时，从输入层开始，对于每一层都用上述两个公式进行计算，最后得到神经网络的输出，这个过程就称为正向传播，用于神经网络预测阶段，以及训练时的正向传播阶段。

假设有 m 个训练样本 $(\boldsymbol{x}_i, \boldsymbol{y}_i)$，$\boldsymbol{x}_i$ 为输入向量，$\boldsymbol{y}_i$ 为标签向量。训练的目标是最小化标签值与神经网络预测值之间的误差。如果使用均方误差，则优化的目标为

$$L(\boldsymbol{W}) = \frac{1}{2m} \sum_{i=1}^{m} \| h(\boldsymbol{x}_i) - \boldsymbol{y}_i \|^2 \tag{2-55}$$

其中，$\boldsymbol{W}$ 为神经网络所有参数的集合，包括各层的权重和偏置项。这个最优化的问题是一个不带约束条件的问题，可以采用梯度下降法求解。

上面的误差函数定义在整个样本集上。梯度下降法每一次迭代可利用所有训练样本，因此又称为批量梯度下降法。如果样本数量很大，则每次迭代都用所有样本进行计算的成本太高。为了解决这个问题，可以采用单样本梯度下降法，将上面的损失函数写成单个样本的损失函数之和，即

$$L(\boldsymbol{W}) = \frac{1}{m} \sum_{i=1}^{m} \frac{1}{2} \| h(\boldsymbol{x}_i) - \boldsymbol{y}_i \|^2 \tag{2-56}$$

定义单个样本 $(\boldsymbol{x}_i, \boldsymbol{y}_i)$ 的损失函数为

$$L_i = L(\boldsymbol{W}, \boldsymbol{x}_i, \boldsymbol{y}_i) = \frac{1}{2} \| h(\boldsymbol{x}_i) - \boldsymbol{y}_i \|^2 \tag{2-57}$$

如果采用单个样本进行迭代，梯度下降法第 $t+1$ 次迭代时参数的更新公式为

$$\boldsymbol{W}_{t+1} = \boldsymbol{W}_t - \eta \, \nabla_{\boldsymbol{W}} L_i(\boldsymbol{W}_t) \tag{2-58}$$

如果要用单个样本进行迭代，根据单个样本的损失函数梯度计算总损失梯度即可，即所有样本梯度的均值。

根据链式法则有

$$\nabla_{\boldsymbol{W}^{(l)}} L = (\nabla_{\boldsymbol{u}^{(l)}} L)(\boldsymbol{x}^{(l-1)})^{\mathrm{T}} \tag{2-59}$$

$$\nabla_{\boldsymbol{b}^{(l)}} L = \nabla_{\boldsymbol{u}^{(l)}} L \tag{2-60}$$

定义误差项为损失函数对 $\boldsymbol{u}$ 的梯度：

$$\boldsymbol{\delta}^{(l)} = \nabla_{\boldsymbol{u}^{(l)}} L = \begin{cases} (\boldsymbol{x}^{(l)} - \boldsymbol{y}) \cdot f'(\boldsymbol{u}^{(l)}) & l = n_l \\ (\boldsymbol{W}^{(l+1)})^{\mathrm{T}} (\boldsymbol{\delta}^{(l+1)}) \cdot f'(\boldsymbol{u}^{(l)}) & l \neq n_l \end{cases} \tag{2-61}$$

向量 $\boldsymbol{\delta}^{(l)}$ 的尺寸与本层神经元的个数相同。$\boldsymbol{\delta}^{(l)}$ 依赖于 $\boldsymbol{\delta}^{(l+1)}$，递推的终点是输出层，它

的误差项可直接求出。

根据误差项可以较为方便地计算出对权重和偏置项的偏导数。首先计算输出层的误差项，根据它得到权重和偏置项的梯度，这是起点；然后根据上面的递推公式，逐层向前，利用后一层的误差项计算出本层的误差项，从而得到本层权重和偏置项的梯度。

单个样本的反向传播算法在每次迭代时的流程如下：

① 正向传播，利用当前权重和偏置值，计算每一层对输入样本的输出值；

② 反向传播，对输出层的每一个节点计算其误差：

$$\boldsymbol{\delta}^{(n_l)} = (\boldsymbol{x}^{(n_l)} - \boldsymbol{y}) \cdot f'(\boldsymbol{u}^{(n_l)}) \tag{2-62}$$

③ 对于 $l = n_l - 1, n_l - 2, \cdots, 2$ 的各层，计算第 l 层每个节点的误差：

$$\boldsymbol{\delta}^{(l)} = (\boldsymbol{W}^{(l+1)})^{\mathrm{T}} \boldsymbol{\delta}^{(l+1)} \cdot f'(\boldsymbol{u}^{(l)}) \tag{2-63}$$

④ 根据误差计算损失函数对权重的梯度值：

$$\nabla_{\boldsymbol{W}^{(l)}} L = \boldsymbol{\delta}^{(l)} (\boldsymbol{x}^{(l-1)})^{\mathrm{T}} \tag{2-64}$$

对偏置的梯度为

$$\nabla_{\boldsymbol{b}^{(l)}} L = \boldsymbol{\delta}^{(l)} \tag{2-65}$$

⑤ 用梯度下降法更新权重和偏置：

$$\boldsymbol{W}^{(l)} = \boldsymbol{W}^{(l)} - \eta \nabla_{\boldsymbol{W}^{(l)}} L \tag{2-66}$$

$$\boldsymbol{b}^{(l)} = \boldsymbol{b}^{(l)} - \eta \nabla_{\boldsymbol{b}^{(l)}} L \tag{2-67}$$

上面给出的是单个样本的反向传播过程，对于多个样本的情况，输出层的误差项是所有样本误差的均值。反向传播计算梯度时，用后层误差计算当前层误差项，再用误差项计算权重梯度和偏置梯度。对所有样本的梯度取平均后，用梯度下降法更新参数。

2.3.2　深度学习

深度学习（Deep Learning，DL）由 Hinton 等人于 2006 年提出，是机器学习的一个新领域。含有多个隐层的多层感知机就是一种深度学习结构。深度学习通过组合低层特征形成更加抽象的高层表示属性类别或特征，以发现数据的分布式特征表示。

深度学习的本质是构建多隐层的机器学习架构模型，并通过大规模数据进行训练，以提取更具代表性的特征信息，从而对样本进行分类和预测，提高分类和预测的精度。这个过程是通过深度学习模型实现特征学习的目标。深度学习模型和传统浅层学习模型的区别在于：

（1）深度学习模型含有更多的层次，包含隐层节点的层数通常在 5 层以上，有时甚至包含多达 10 层以上的隐层节点。

（2）无须人工设计特征，将特征提取与机器学习算法融合在一起，直接完成端到端（End-to-End）的训练。以图像识别为例，端到端的训练无须再为图像设计特征，而是直接将图像和标签送入机器学习算法中进行训练。通过更换样本，就可以完成不同的任务。这种方案的端到端学习框架如图 2-3-9 所示。

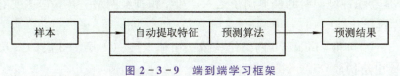

图 2-3-9　端到端学习框架

近年来，深度神经网络在模式识别和机器学习领域得到了成功的应用。目前经常使用的深度神经网络模型主要有卷积神经网络（CNN）、循环神经网络（RNN）、深度置信网络（DBN）、深度自动编码器（AutoEncoder）和生成对抗网络（GAN）等。其中，卷积神经网络是目前研究和应用都非常广泛的深度学习结构。下面将对卷积神经网络的概念、结构组成及典型网络模型进行介绍。

1. 卷积神经网络概述

卷积神经网络是由 LeCun 在 1998 年提出的，被成功用于手写字符的识别。2012 年，更深层次的 AlexNet 网络在图像分类任务中取得成功，此后卷积神经网络得到了飞速发展，被广泛应用于机器视觉等领域，且表现出良好的性能。

卷积神经网络通过卷积和池化层自动学习图像在各个尺度上的特征，这借鉴了人类理解图像时所采用的方式。人在认知图像时是分层进行的，首先理解的是颜色和亮度，然后是边缘、角点、直线等局部细节特征，接下来是纹理、形状、区域等更复杂的信息和结构，最后形成整个物体的概念。

视觉神经科学之前对于视觉机理的研究已经证明了大脑的视觉皮层（Visual Cortex）具有分层结构。眼睛将看到的物体成像在视网膜上，视网膜把光学信号转换成电信号并传递到大脑的视觉皮层。视觉皮层是大脑中负责处理视觉信号的部分。1959 年，David 和 Wiesel 进行了一次实验，他们在猫的初级视觉皮层内插入电极，并在猫的眼前展示各种形状、空间、位置、角度不同的光带，然后测量猫的大脑神经元放出的电信号。实验发现，当光带处于某一位置和角度时，电信号最为强烈；不同的神经元对各种空间位置和方向偏好不同。这一实验证明了这些视觉神经细胞具有选择性。

视觉皮层具有层次结构。从视网膜传来的信号首先到达初级视觉皮层，即 V1 皮层。V1 皮层中的简单神经元对一些细节、特定方向的图像信号较敏感。经 V1 皮层处理之后，将信号传导到 V2 皮层。V2 皮层将边缘和轮廓信息表示成简单形状，然后由 V4 皮层中的神经元进行处理，它对颜色信息较敏感。复杂物体最终在 TI 皮层（Inferior Temporal Cortex）被表示出来。

卷积神经网络可以看成是对上述机制的简单模仿。它由多个卷积层构成，每个卷积层包含多个卷积核，用这些卷积核从左到右、从上到下依次扫描整个图像，得到被称为特征图的输出数据。网络前面的卷积层负责捕捉图像的局部信息、细节信息，由于其感受野较小，即输出图像的每个像素仅对应输入图像中很小的一块区域，因此可精准抓取边缘、纹理等基础特征。后面卷积层的感受野逐层加大，将用于捕获图像更复杂、更抽象的信息。经过多个卷积层的运算，最后得到图像在各个不同尺度的抽象表示。

2. LeNet-5 网络

1998 年，LeNet-5 首次在整个国际上被提出，该技术网络开始时被应用于手写数字识别。LeNet-5 是卷积神经网络的经典例子之一，和卷积神经网络一样，它主要有卷积层、降采样层和全连接层。

由图 2-3-10 可得，LeNet-5 网络结构依次由输入层、C1 层、S2 层、C3 层、S4 层、F5 层、F6 层和输出层构成。

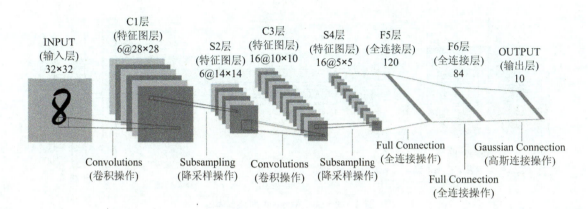

图 2 - 3 - 10　LeNet-5 网络结构图

输入层把图像的像素统一转化为 32×32。

C1 层主要由 6 张特征图组成,其大小为 28×28。每张特征图都是从一个卷积核映射而来的。卷积核大小为 5×5,使用 0 填充,步长为 1。每个特征图的尺寸为(32−5+1)×(32−5+1),即 C1 层输出尺寸是 28×28×6。

S2 层的输入就是上一层的输出,是一个 28×28×6 的整数矩阵。该层卷积核的大小为 2×2,步长为 2。该层可得到 6 个尺寸为(28×1/2)×(28×1/2)即 14×14 的特征图,由 C1 层下采样得到。

C3 层也是卷积层,和 C1 层相同,但是 C3 层的各个节点是与 S2 层相连接的,由 16 个大小为(14−5+1)×(14−5+1) = 10×10 的特征图组成。

S4 层是一个降采样层,输入是上一层的输出,是一个 10×10×16 的矩阵。卷积核大小为 2×2,步长为 2,最终得到 16 个大小为(10×1/2)×(10×1/2) = 5×5 的特征图。

F5 层是一个全连接层,由 S4 层中 16 个 5×5 的特征图组合构成输入,因为每个图的尺寸为 5×5,这与卷积核的大小一致,因此经过卷积运算后得到的图大小为 1×1。

F6 层也是全连接层,包含 84 个神经元,对应一个 7×12 的比特图。

输出层有 10 个神经元,分别代表 0~9,若神经元 i 的输出值为 0,则网络的识别结果就是数字 i。

3. AlexNet 网络

AlexNet 是 2012 年 ImageNet 竞赛的冠军 Hinton 和他的学生 Alex Krizhevsky 一起设计的,也就是在那年之后更多更深的神经网络被设计出来。AlexNet 网络结构如图 2 - 3 - 11 所示。AlexNet 将开山鼻祖 LeNet 的思想发扬光大,其网络更深更宽,并且使用了 GPU 进行运算加速,这大大提高了卷积神经网络的运算速度。现在几乎所有的卷积神经网络在训练数据集的时候都会优先考虑利用 GPU 来加速训练过程。此外,AlexNet 成功使用 ReLU 作为激活函数,解决了 Sigmoid 激活函数和 Tanh 激活函数梯度消失的问题,并且在训练的时候新增加了 Dropout 层来随机忽略部分神经元,避免了过度拟合的问题。在 AlexNet 之前,卷积神经网络普遍使用平均池化,而平均池化有时会带来很严重的模糊问题,导致特征图灰度值对比不明显,在训练的时候效果不理想,所以 AlexNet 全部采用最大下采样池化,这样做就避免了平均池化造成的模糊问题。

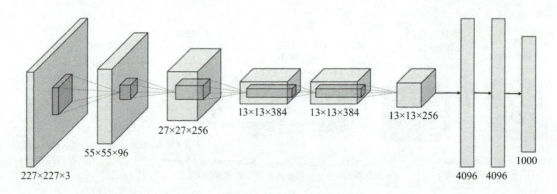

图 2 - 3 - 11　AlexNet 网络结构

4. VGG 网络

VGG(Visual Geometry Group)网络是牛津大学科学工程系发布的卷积神经网络模型,主要应用于人脸识别、图像分类等领域。VGG 网络有两种结构,分别为 VGG16 和 VGG19。VGG16 网络的结构如图 2 - 3 - 12 所示。

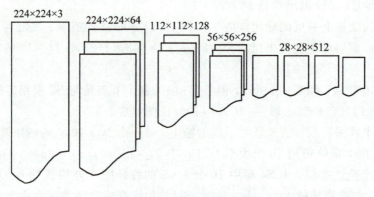

图 2 - 3 - 12　VGG16 网络结构

VGG16 主要包含了 13 个卷积层和 3 个完整的全连接层。相比于传统网络模型 AlexNet,它的功能改进之处主要在于它可以在卷积层中通过采用连续的几个 3×3 的卷积核来直接代替一个 AlexNet 网络模型中的最大的卷积核,例如 11×11、7×7、5×5。对于一个输出给定的输入感受野面积(即与一个输出信号图片有关的输入信号图片的局部面积尺寸),卷积层中采用堆积的小型卷积核比直接使用大型卷积核的效果要好。这主要是因为多层非线性的层次可以通过不断增加整个网络的底层深度,来确保机器学习中更复杂的网络模型,而且复杂参数也比较低。

简单来说,在 VGG 网络中,采用 3 个 3×3 的小型卷积核可以代替一个 7×7 的大型卷积核,而 2 个 3×3 的小型卷积核则可代替一个 5×5 的大型卷积核。这样做的主要目的之一是在保证神经网络具有相同感受野的情况下,提升神经网络的处理深度,同时在一定程度上改善神经网络的信息传播处理效果。例如,3 个步长为 1 的 3×3 卷积核在卷积层上连续叠加,可以看作一个感受野大小为 7×7 的卷积核连接。此时,3 个参数数据总量为 $3×(9×c^2)$,若直接使用一个 7×7 的卷积核,参数数据总量则为 $49×c^2$,这里的 c 代表输入和输出的通道数。显然,$27×c^2$ 小于 $49×c^2$,所以在 VGG 网络中用几个小型卷积核代替一个大型卷积核，能够减少整个计算的参数量，大大降低计算量；而且，3×3 的卷积核有利于更好地维护整个图像的动态性质，这也是 VGG 网络的优点之一。此外，VGG 网络的结构非常简单整齐，整个网络都使用同样尺寸的卷积核和最大池化，这种设计的使用效果要优于几个大的卷积核尺寸，从而提升了整个网络的性能。

人工智能基础技术

本 章 习 题

1. 请简述命题逻辑和谓词逻辑的定义。

2. 请查阅资料，简述有监督学习算法有哪些。

3. 请查阅资料，阐述无监督学习算法有哪些。

4. 将下列命题符号化：

猫比老鼠跑得快。

有的猫比老鼠跑得快。

并不是所有的猫都比老鼠跑得快。

不存在跑得同样快的两只猫。

5. 假设有 1000 张 3 类不同动物的照片，需要利用机器学习方法将这些不同的动物照片区分开，请分别简述在有监督学习和无监督学习的条件下如何完成此项任务。

6. 请查阅资料，简述 BP 网络的算法原理，说明它有哪些不足。

7. 请查阅资料，简述卷积神经网络的结构及关键技术。

▶ 第3章　人工智能应用技术

　　随着智能家电、穿戴设备、智能机器人等产物的出现和普及，人工智能技术已经进入生活的各个领域，引发越来越多的关注。人工智能技术的应用领域细分为深度学习、计算机视觉、智能机器人、虚拟个人助理、自然语言处理、实时语音翻译、情境感知计算、手势控制、视觉内容自动识别、推荐引擎等。

　　本章介绍人工智能主要应用技术的内容，包括计算机视觉技术、自然语言处理技术、专家系统技术和智能机器人技术。计算机视觉技术旨在模拟人类的视觉能力；自然语言处理技术主要模拟人类的听觉及语言能力；专家系统技术用于模拟人类大脑的综合思维能力；智能机器人技术则综合模拟人类大脑的思维以及五官、四肢的相关能力。

▶ 3.1　计算机视觉技术

3.1.1　计算机视觉概述

　　计算机视觉技术是人工智能应用技术之一，是利用计算机模拟人类视觉能力的技术，即计算机模拟人类的视觉过程，具备感受环境的能力和人类视觉功能的技术。它是图像处理、人工智能和模式识别等技术的综合。

　　该项技术对于计算机的发展有着极为重要的作用，尤其是在现代社会中，人们需要计算机完成更加智能化的行为，代替人类完成一些特殊环境下的工作。计算机视觉技术不仅应用于计算机领域，还在机械化生产中有着重要应用。具体而言，在未来机械自动化生产中，能够利用该项技术对客观事物进行图像提取，然后用于生产过程中的检测和控制。该项技术相较于传统的自动化控制而言，能够实现更快的速度、更大的信息量以及更丰富的功能控制。计算机视觉的应用如图 3-1-1 所示。

　　图像识别是人类与生俱来的一种能力，而计算机视觉技术在短短几十年内展现出可能超越人类的视觉识别能力，这一发展过程是极为迅猛的。计算机视觉技术最早出现在 20 世纪 50 年代左右，当时计算机视觉主要利用统计模式识别方法，对二维图像的有关信息进行分析和识别。在 1966 年，人工智能学家 Minsky 提出通过编写计算机程序对摄像头所拍摄到的内容进行信息提取，这便是最早的计算机视觉技术的应用。此时，计算机视觉技术被应用于光学字符和一些特殊图片的识别和处理。在 20 世纪 70 年代，麻省理工学院设立了计算机视觉课程，并针对计算机的视觉技术及其应用展开了系列研究，在实验室内计算机视觉技术得到了空前的发展。直到 20 世纪 90 年代，随着计算机视觉技术的成熟和计算机硬件技术的进一步发展，该技术才被广泛应用于工业生产领域，并能够实现更为复杂的图

图 3-1-1　计算机视觉的应用

像识别和环境处理。21 世纪之后，计算机软件技术和互联网得到了进一步的发展，这使得数据处理能力得到了大幅度的提升。在这样的背景下，计算机视觉技术也朝着更为复杂的智能化方向发展，此时在应用的过程中出现了人脸识别和车牌识别等功能，这为人类社会的进步作出了巨大的贡献。计算机视觉技术间接促进了金融、电商、医疗等事业的发展，也使得智能机器人和自动化技术朝着更加智能化的方向发展。

计算机视觉的本质就是让计算机模拟人类"看"的能力，这种能力包括对外界图像、视频信息的获取、处理、分析、理解和应用等多种能力的综合。由此可见，计算机视觉涵盖的内容非常丰富，一般可分为如下四个层次，如图 3-1-2 所示。

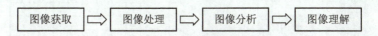

图 3-1-2　计算机视觉处理过程

从实现的角度看，计算机需要借助摄影机、扫描仪、成像仪以及电脑等诸多设备仪器获取图像或视频信息；图像处理是图像之间进行的变换，泛指各种图像技术，比如去噪、增强、恢复等；图像分析是指对图像中感兴趣的目标进行检测、分割和测量，以获得其客观信息，从而建立图像中目标的描述；在图像分析的基础上，进一步研究图像中各目标的性质和它们之间的联系，并得出对图像内容含义的理解（对象识别）及对原来客观场景的解释，从而指导和规划行动。

图像处理是低层操作，它主要在图像的像素层次上进行处理，处理的数据量非常大；图像分析则进入中层操作，利用分割和特征提取可把原来以像素描述的图像转变成比较简洁的对目标的描述；图像理解是高层操作，操作对象基本上是从描述中抽象出来的符号，其处理过程和方法与人类的思维推理有很多类似之处。

3.1.2　图像的表示

图像的表示需要分别考虑图像的整体表示和组成图像的单元的表示。

　　一幅图像一般可以用一个二维函数 $f(x,y)$ 来表示(计算机中以二维数组存储),其中 (x,y) 表示二维空间 XOY 中一个坐标点的位置,而 f 则代表图像在点 (x,y) 处的某种属性 F(如灰度值)的数值。例如,常用的图像一般是灰度图,则 $f(x,y)$ 表示灰度值,当用可见光成像时,灰度值对应客观景物被观察到的亮度。

　　日常所见的图像多是连续的,即 f、x、y 的值可以是任意实数。为了能用计算机对图像进行加工,需要把连续的图像在图像坐标空间 XOY 和图像属性 F 中进行离散化。这种离散化的图像就是数字图像。表示数字图像的二维数组 $f(x,y)$ 中,f、x、y 都是在整数集合中取值的。

　　一幅图像可分解为多个单元,每个基本单元称作图像像素,简称像素(Pixel)。图像在空间上的分辨率与其包含的像素个数呈正比关系,即像素个数越多,图像的空间分辨率越高,也就是图像细节越清晰。

　　根据数字图像在计算机中表示方法的不同,可将数字图像分为二值图像、灰度图像、RGB 图像等。

1. 二值图像

　　二值图像通常用一个二维数组来描述,一位表示一个像素,组成图像的像素值非 0 即 1,通常 0 表示黑色,1 表示白色,如图 3-1-3 所示。二值图像一般用来描述文字或者图形,其优点是占用空间少,缺点是当表示人物或风景图像时只能描述轮廓。

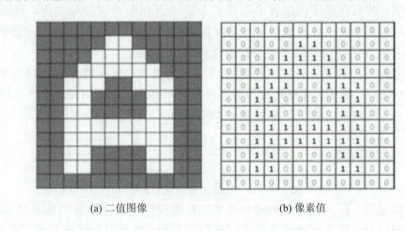

(a) 二值图像　　　　　　　　　　(b) 像素值

图 3-1-3　二值图像示例

2. 灰度图像

　　二值图像的表示方法简单方便,但是因为其仅有黑、白两种颜色,所表示的图像不够细腻。如果想要表现更多的细节,就需要使用更多的颜色。例如,图 3-1-4(a)是一幅灰度图像,它采用了更多的数值以体现不同的颜色,因此该图像的细节信息更丰富。

　　通常,计算机会将灰度划分为 256 个灰度级,用数值区间[0,255]来表示。其中,数值"255"表示白色,数值"0"表示黑色,其余的数值表示白色到黑色之间不同级别的灰度。用于表示 256 个灰度级的数值 0～255,正好可以用一个字节(8 位二进制值)来表示。

3. 彩色图像

　　相比于二值图像和灰度图像,彩色图像是更常见的一类图像,它能表现更丰富的细节信息。图 3－1－4(b)就是一幅彩色图像。

(a) 灰度图像　　　　　　　(b) 彩色图像(RGB)

图 3－1－4　灰度图像与彩色图像示例

神经生理学实验发现，人类视网膜中存在三种不同的颜色感受器——视锥细胞，它们能够感受三种不同的颜色(红色、绿色和蓝色)，即三基色。三基色通过叠加混合生成彩色图像，如图 3－1－5 所示。

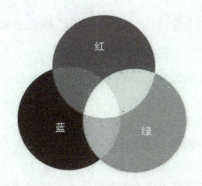

图 3－1－5　三基色示意图

　　自然界中常见的各种色光都可以通过将三基色按照一定的比例混合构成。除此以外，从光学角度出发，可以将颜色解析为主波长、纯度、明度等。从心理学和视觉角度出发，可以将颜色描述为色调、饱和度、亮度等属性。通常，我们将上述采用不同的方式表述颜色的模式称为色彩空间，或者颜色空间、颜色模式等。

　　虽然不同的色彩空间具有不同的表示方式，但是各种色彩空间之间可以根据需要按照公式进行转换。这里仅仅介绍较为常用的 RGB 色彩空间。

　　在 RGB 色彩空间中，存在 R(Red，红色)通道、G(Green，绿色)通道和 B(Blue，蓝色)通道，共 3 个通道。每个色彩通道值都在[0，255]范围内，我们用这三个色彩通道的组合表示颜色。

　　以比较通俗的方式来解释，就是有三个油漆桶，分别装了红色、绿色、蓝色的油漆。我们分别从每个油漆桶中取容量为 0～255 个单位的不等量的油漆，将三种油漆混合就可以调配出一种新的颜色。三种油漆经过不同的组合，可以调配出 $256 \times 256 \times 256 = 16\ 777\ 216$ 种颜色。

因此，通常用一个三维数组来表示一幅 RGB 色彩空间的彩色图像。一般情况下，在 RGB 色彩空间中，图像通道的顺序是 R→G→B，即第 1 个通道是 R 通道，第 2 个通道是 G 通道，第 3 个通道是 B 通道。

3.1.3　计算机视觉关键技术

尽管计算机视觉技术所涉及的学科和技术相对较多，但计算机视觉技术的最终目标是模拟人类视觉系统，实现对图像的识别、分析和理解。本节仅以图像分析中的图像识别作为代表进行分析讨论。如图 3-1-6 所示的图像，检测和识别对象为汽车和文字。

 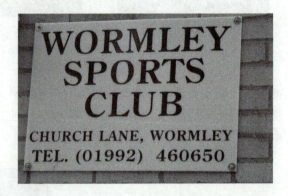

图 3-1-6　图像识别示例

图像识别方法历经几十年的发展，目前主要分为两大类，即基于浅层网络的学习方法和基于深度网络的学习方法。

1. 基于浅层网络的学习方法

图像识别中基于浅层网络的学习方法是一种传统的方法，它一般采用有监督学习的分类方法，在学习过程中需要人工或专家大量参与。在这种学习方法中，复杂问题被分解成若干个简单子问题的序列，并通过人工/自动相结合的混合方式解决。同时，在学习前需要建立训练样本图像库和测试样本图像库。基于浅层网络的图像识别过程包括 5 个步骤，如图 3-1-7 所示。

图 3-1-7　基于浅层网络的图像识别过程

1) 图像采集

图像采集是获取数字图像的技术和过程。数字图像是通过数字摄像机、扫描仪和数码相机等设备进行采样和数字化处理后得到的图像，既包括静态图像，也涵盖动态图像。这些图像可以转换为数字形式，和文字、图形、声音等信息共同存储于计算机中，并在计算机屏幕上显示。图像采集是将一个图像变换为适合计算机处理的形式的第一步。

2) 图像预处理

采集图像后，为了更方便、有效地获取图像中的信息，提高后续处理的效率，需要对图像进行相关的预处理。预处理主要包括两方面的内容：一方面是对图像在采集过程中有可能发生的几何形变进行校正；另一方面是图像在采集过程中可能会受到噪声、光照等影响，为改善图像的质量需要进行图像去噪、平滑、二值化、分割等操作，从而加强图像的重要特征。

3）特征提取

特征提取的好坏对图像识别效果具有决定性作用。特征提取的过程本质上是一个降维的过程，即在选定特征点后，在特征点所在的区域内，将低层次的高维原始图像像素矩阵抽象为高层次的与图像识别目标相关联的低维特征向量。

常见的人工设计的图像特征包括全局特征和局部特征。全局特征是指图像的整体属性，通常包括颜色特征、纹理特征和形状特征，比如颜色直方图、傅里叶频谱等。全局特征是像素级的低层可视特征，具有良好的不变性，其计算简单、表示直观，但往往粒度比较粗，因此全局特征适合于需要高效而无须精细分类的任务，比如场景分类或大规模图像检索等。

相对而言，局部特征则是从图像局部区域中抽取的特征，包括边缘、梯度、角点、曲线和纹理等。常见的局部特征包括角点类和区域类两大类描述方式。局部特征具有在图像中蕴含数量丰富、特征间相关度小，以及遮挡情况下不会因为部分特征的消失而影响其他特征的检测和匹配等特点。局部特征更为精细，应用更为广泛，因此在近十年得到了充分发展，研究人员设计出了数以百计的局部特征。

4）特征汇聚或变换

对所提取的特征向量进行统计汇聚，并作降维处理，从而使特征的维度更低，更有利于分类的实现。这个一般通过专家设计的统计建模方法实现。例如，一种常用的模型是线性模型，即 $X'=W\times X$，其中 W 为矩阵形式表达的线性变换，需要通过训练进行学习得到。

5）图像识别

图像识别的关键是分类器的设计。计算机视觉中的分类器基本都借鉴了机器学习方法，如最近邻分类器、线性感知机、决策树、支持向量机、神经网络等，这些内容可参见本书第 2 章的相关内容。

选取合适的学习算法，并对大量图像数据进行训练和学习后，可以得到一个学习模型，即分类器。经过测试集的验证后，该分类器可成为一个具有实际应用价值且能有效进行分类的工具。需要说明的是，在分类器的实现中，分类算法的选择与相应参数的设置是至关重要的。

2. 基于深度网络的学习方法

基于浅层网络的学习方法中的特征为人工设计的特征，可能不能有效表达识别目标的本质，同时由于样本数量有限，适用于识别相对简单的图像，对复杂、细腻图像的识别效果不佳。因此近年来基于深度网络的学习方法已逐渐成为主要的方法，使用的算法以卷积神经网络为主。

图像识别中基于深度网络的学习方法一般采用无监督学习和有监督学习相结合的分类方法，在学习过程中仅需少量专家参与，大量是由系统自动完成的。在这种学习方法中复杂问题也被分解成若干个简单子问题的序列，并通过少量步骤解决。同时，在学习前需搜集相关的图像数据（不带标号、带标号）以供识别训练使用。这些图像可统一存储于训练图像库中，此外还需选择一个供测试用的测评图像库。深度学习的相关理论参见本书第 2 章，在此仅说明深度网络用于图像识别的步骤。

这种学习方法的实施主要由图3-1-8所示的三个简单步骤组成。

图3-1-8 基于深度网络的学习方法的实现步骤

基于深度网络的学习方法中，图像预处理与基于浅层网络的学习方法基本类似，一般都由操作人员使用图像处理中的操作手工完成。

与浅层学习不同，在深度学习中，原有的特征提取、特征汇集或变换都是自动的，作为分类器的一部分融入其中。在浅层学习中的三个步骤(即特征提取、特征汇聚或变换和图像识别)分别由深度学习中卷积神经网络的三个隐藏层(卷积层、池化层、全连接层)统一、自动完成。其中仅有少量卷积神经网络中的参数及函数设置由专家设计完成。

3.1.4 计算机视觉应用实例

车牌字符识别是计算机视觉领域的典型研究课题，不仅可作为计算机视觉、模式识别、机器学习等学科领域理论方法的验证案例，还在智能交通领域有非常广泛的应用价值。特别是近年来，车牌识别技术逐渐成熟，已经广泛应用于小区、车库、高速公路出入口等需要自动识别车牌的场合。本节以此为例，介绍车牌字符识别系统的基本组成，以便大家对计算机视觉有更清晰的认识。

图3-1-9所示为车牌识别的一般流程，通常包含四个部分，即车牌检测、车牌区域预处理、车牌字符切分以及车牌字符识别。

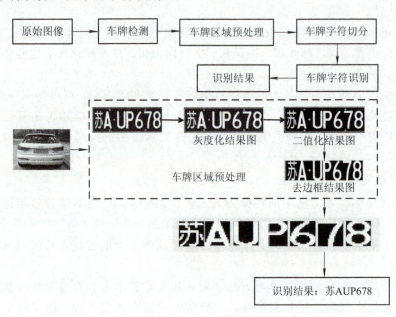

图3-1-9 车牌识别的一般流程

(1) 车牌检测，即从原始图像中判断是否有车牌，如果存在，则用矩形框标定出车牌的位置。车牌是一类特殊的检测目标，我们可采用基于边缘检测、基于纹理、基于颜色的方法实现车牌区域的检测，也可以采用深度学习目标检测框架(比如 Faster R-CNN、YOLO 等)进行检测。

（2）车牌区域预处理，即根据检测得到的车牌位置，裁剪得到车牌区域，同时进行灰度化、二值化及去边框处理，为后续切分字符做准备。

（3）车牌字符切分，即采用垂直投影的方法，将经预处理后的车牌区域图像切分为若干个字符，便于后续识别。

（4）车牌字符识别，其通常包含字符特征提取和分类器设计两部分。首先提取车牌字符特征，然后建立字符识别分类器，比如 BP 网络、SVM 分类器等，经过训练后对单个字符进行识别，得到识别结果。

经过上述步骤后，即可得到车牌字符识别结果。当然，本实例是在假设所得到的车牌图像质量较好的情况下，给出车牌识别的一般流程，并没有考虑光线较暗、雨雪天、倾斜或车牌有污损等复杂情况，有兴趣的读者可以针对相应问题进行深入研究。

3.2 自然语言处理技术

3.2.1 自然语言处理概述

自然语言是人类交流的基本工具，涵盖了口语、书面语以及肢体语言(如手势语和旗语)等。自然语言处理(Natural Language Processing，NLP)是计算机科学领域与人工智能领域中的一个重要方向。自然语言处理就是研究计算机如何处理人类语言的学科，它是用计算机模拟人类智能的一个重要方面。

自然语言处理主要分两个流程：自然语言理解(Natural Language Understanding，NLU)和自然语言生成(Natural language Generation，NLG)。NLU 主要是理解文本的含义，具体到每个单词和结构都需要被理解；NLG 是一种通过计算机在特定交互目标下生成语言文本的自动化过程。

统计数据显示，在计算机应用领域中，数学计算方面的应用仅占大约 10%，过程控制不到 5%，大约 85% 的应用集中在语言文字的信息处理上。在信息化社会中，语言信息处理的技术水平和每年所处理的信息总量，已成为衡量一个国家现代化水平的关键指标之一。

自然语言处理通过对词、句、篇章的分析，对内容里面的人物、时间、地点等进行理解，并在此基础上支持一系列核心技术(如跨语言的翻译、问答系统、机器阅读、知识图谱等)。基于这些技术，又可以把自然语言处理应用到其他领域，如搜索引擎、客服、金融、新闻等。总之，自然语言处理就是通过对语言的理解实现人与电脑的直接交流，从而实现人与人之间更加有效的交流。自然语言处理的应用如图 3-2-1 所示。

最早的自然语言理解方面的研究工作是机器翻译。1949 年，美国人威弗首先提出了机器翻译设计方案。机器翻译的发展主要分为三个阶段。

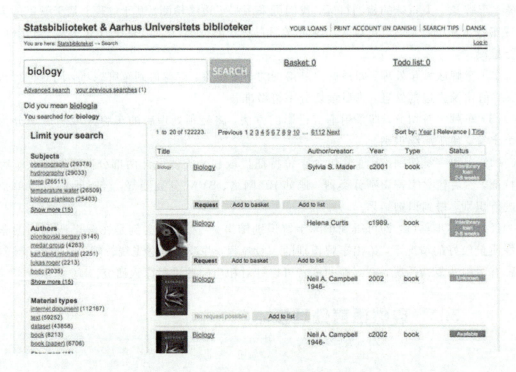

（a）信息检索应用于书籍检索示例

Passage
Last-Minute Lasagna:
1. Heat oven to 375 degrees F. Spoon a thin layer of sauce over the bottom of a 9-by-13-inch baking dish.
2. Cover with a single layer of ravioli.
3. Top with half the spinach half the mozzarella and a third of the remaining sauce.
4. Repeat with another layer of ravioli and the remaining spinach mozzarella and half the remaining sauce.
5. Top with another layer of ravioli and the remaining sauce not all the ravioli may be needed. Sprinkle with the Parmesan.
6. Cover with foil and bake for 30 minutes. Uncover and bake until bubbly, 5 to 10 minutes.
7. Let cool 5 minutes before spooning onto individual plates.

Question: Choose the best image for the missing blank to correctly complete the recipe.

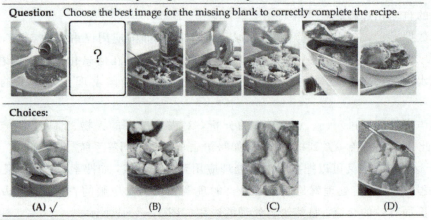

Choices:

(A) √　　　　(B)　　　　(C)　　　　(D)

（b）多模态完形填空举例

（c）文本生成示意图

图 3 - 2 - 1　自然语言处理应用

第一阶段：基于规则构建词汇、句法和语义分析系统，以及问答系统、聊天机器人和机器翻译系统。基于规则的方法能够利用人类的经验和内省知识，且不依赖大量数据，从而能够快速启动。然而，这种方法的覆盖面有限，往往表现得像一个玩具系统。此外，规则的管理和系统的可扩展性问题仍未得到有效解决。

第二阶段：基于统计的机器学习（ML）逐渐开始流行，许多自然语言处理（NLP）任务也开始采用这种方法。其主要思路是利用带标注的数据，基于人工定义的特征构建机器学习系统，并通过学习过程确定系统的参数。在运行时，系统利用这些学习得到的参数对输入数据进行解码，从而生成输出。机器翻译和搜索引擎等应用成功地运用了统计方法。

第三阶段：深度学习开始在语音和图像方面发挥作用，NLP 研究者也开始把目光转向深度学习，先将深度学习用于特征计算或者建立新的特征，再在原有的特征学习框架下，基于这些新特征验证效果。比如，搜索引擎加入了深度学习的检索词和文档的相似度计算，以提升搜索的相关度。2014 年以来，人们尝试直接通过深度学习建模，进行端对端的训练。目前深度学习已在机器翻译、问答、阅读理解等自然语言处理领域取得了进展，引发了深度学习应用热潮。

深度学习技术从根本上改变了自然语言处理技术，使之进入崭新的发展阶段，主要体现在以下几个方面：

（1）神经网络的端对端训练使得自然语言处理技术不再需要人工进行特征提取，只要准备好足够的标注数据（如机器翻译的双语对照语料），利用神经网络就可以得到一个现阶段最好的模型。

（2）词嵌入（Word Embedding）思想使得词汇、短语、句子乃至篇章的表达可以在大规模语料上进行训练，从而获得在多维语义空间中的表示。这种表示方式使得词汇之间、短语之间、句子之间乃至篇章之间的语义距离可以被有效计算。

（3）基于神经网络训练的语言模型可以更加精准地预测下一个词或下一个句子的出现概率。

（4）循环神经网络（包含 RNN、LSTM、GRU）可以对一个不定长的句子进行编码，描述句子的信息。

（5）编码-解码（Encoder-Decoder）技术可以实现一个句子到另一个句子的变换，这个技术是机器翻译、对话生成、问答、转述的核心技术。

（6）强化学习技术使得自然语言系统可以通过用户或者环境调整神经网络各级的参数，从而改进系统性能。

3.2.2 自然语言处理基础研究

1. 词法分析

词法分析主要包括分词、词性和词义标注、词义消歧和命名实体识别。在中文自然语言处理的分词模块中，词法分析是最核心的一部分，只有做好分词工作，剩下的工作才能顺利进行。词性是词汇最基本的语法属性，使用词性标注便于判定每个词的语法范畴。词性和词义标注是词法分析的主要任务。词义消歧主要解决多语境下的词义问题，因为在多语境下一个词可能会有很多含义，但在固定情境下意思往往是确定的。命名实体识别的主要任务是识别文本中具有特定意义的词语，如人名、地名等，并为其添加标注，它是自然语言处理的一个重要工具。词法分析主要通过基于规则、基于统计、基于机器学习的方法实现。

2. 句法分析

句法分析的主要任务是确定句子中各组成成分之间的关系，也就是其句法结构。技术实现上句法分析主要分为修辞结构分析和依存关系分析，功能上句法分析可分为完全句法分析和局部句法分析。完全句法分析中要通过一套完整的分析过程获得一个句子的句法树；局部句法分析又叫浅层分析，仅获得局部成分的语法。

对完全句法分析来说，Chomsky 形式文法是极为重要的理论，根据重写规则分为 0 型文法（无约束文法）、1 型文法（上下文有关文法）、2 型文法（上下文无关文法）和 3 型文法（正则文法）。这 4 种文法统称为短语结构语法。局部句法分析可分为两个子任务：其一是识别和分析语块，其二是分析语块之间的依附关系。目前应用较多的依存分析是指对句子中词汇之间的依存关系进行分析。依存句法又称从属关系语法。一个依存关系可分为核心词和依存词。核心词是一个句子的根节点，一个句子中只有一个，它负责支配句子中的其他词，核心词一般与依存词之间存在着一定的关系，如主谓关系、动宾关系和并列关系等。

3. 语义分析

对于不同的语言单位，语义分析有着不同的意义。在词的层面上，语义分析指词义消歧；在句的层面上，语义分析指语义角色标注；在篇章的层面上，语义分析指共指消解。语义分析是目前 NLP 研究的重点方向。

4. 语用分析

语用分析主要是把文本中的描述和现实情景相对应，形成动态的表意结构。语用分析有四大要素：发话者、受话者、话语内容和语境。前两者指语言的发出者和接收者；话语内容指发话者用语言符号表达的具体内容；语境指言语行为发生时所处的环境，主要有上下文语境、现场语境、交际语境和背景知识语境。

3.3　专家系统技术

3.3.1　专家系统概述

1. 专家系统的发展

专家系统(Expert System)，又称专家咨询系统，是一种智能计算机(软件)系统。该系统能够运用知识和推理，像人类专家一样解决困难、复杂的实际问题。可以说，专家系统是一种模拟专家决策能力的计算机系统。

专家系统属于人工智能的一个发展分支，它在医疗、军事、地质勘探、教学、化工等领域得到了广泛的应用。目前，它已成为人工智能领域中最活跃、最受重视的领域之一。

自 1965 年第一个真正意义上的专家系统 DENDRAL 问世以来，专家系统历经多年的发展，已取得显著进展。它的发展可概括为以下三个阶段。

第一阶段以 DENDRAL 为代表，系统的设计是为了解决特定的问题，因此专业化程度高、移植能力差，比如该系统的作用仅仅是帮助化学家识别出未知的分子结构。除此之外，由于专家系统理论尚不完善以及计算机技术的限制，这些专家系统求解问题的能力相对较弱，并且结构完整性也存在缺陷。

第二阶段专家系统相比于上一代有了很大进步，体系结构更加完整，可移植性也显著提高，并且发展为单学科专业应用型的系统，在系统的知识获取、推理技术、人机接口和解释机制等方面也都有改进。其代表为美国斯坦福大学用 LISP 语言开发的 MYCIN 系统，它可以帮助医生对血液感染患者进行诊断和用抗生素类药物进行治疗。MYCIN 的知识是用相互独立的产生式方法表示的，并且 MYCIN 系统采用了独特的非精确推理，具有向用户解释推理过程的能力，这些优点使其至今仍是一个有代表性的专家系统。

第三阶段专家系统发展为多学科综合型系统，能够综合运用多种知识表示方法、推理机制及控制策略，通过人工智能语言进行开发，其中就包括在 MYCIN 基础上发展而来的EMYCIN。

概括来讲，专家系统就是可以模仿人类专家的思维方式且能够处理复杂具体问题的系统。它和数值计算、数据处理等其他计算机程序相比，具有以下特点：

(1) 擅长处理那些没有明确算法或涉及不确定性、非结构化的问题，比如经济形势预测、行为分析和诊断管理决策等问题。

(2) 专家系统利用知识进行推理，进而解决问题，其他软件则使用固定的算法来处理问题。

(3) 专家系统强调知识和推理分离，知识代表人类经验，推理则是思维方式，不同的思维方式可以用来处理类似的或者无关的经验。

(4) 专家系统还具有解释的能力，对于推理依据和结论都能给出解释，既便于开发者维护，又易于用户理解。

2. 专家系统的分类

目前国内外已成功研制了多种专家系统，分别应用于工业、农业、医疗卫生、军事、教育领域等。按照专家系统的特性及处理问题的类型，专家系统可大致分为如下八类。

1) 解释专家系统

解释专家系统的任务是对已知信息和数据进行分析，并解释它们的含义。此类专家系统具有以下特点：

（1）系统处理的数据量大，而且往往是不准确的、有错误的或不完全的。

（2）系统能够从不完全的信息中得到解释，并能对数据作出某些假设。

（3）系统推理过程复杂，要求系统具有对自身的推理过程作出解释的能力。

解释专家系统的典型应用有语音理解、图像分析、系统监视、化学结构分析和信号解释等。

2) 预测专家系统

预测专家系统的任务是对过去和现在的已知状况进行分析，推断未来可能发生的情况。预测专家系统具有以下特点：

（1）系统处理的数据会随时间变化，而且可能是不准确的和不完全的。

（2）系统需要有适应时间变化的动态模型，能够从不完全的和不准确的信息中得出预报，并达到快速响应的要求。

预测专家系统的典型应用有气象预报、军事预测、人口预测等。

3) 诊断专家系统

诊断专家系统的任务是根据输入的知识推测故障出现的原因。诊断专家系统具有以下特点：

（1）能够了解被诊断对象或客体各组成部分的特性以及它们之间的联系。

（2）能够区分一种现象及其所掩盖的另一种现象。

（3）能够向用户提供测量的数据，并从不确切信息中尽可能得出正确的诊断。

诊断专家系统的典型应用有医疗诊断、电子机械和软件故障诊断、材料失效诊断等。

4) 设计专家系统

设计专家系统的任务是分解设计要求，求出能够满足设计问题约束的目标配置。设计专家系统具有如下特点：

（1）善于从多方面的要求中得到符合要求的设计结果。

（2）系统需要检索较大的可能解空间。

（3）善于分析各种子问题，并处理好各个子问题间的相互作用。

（4）能够试验性地构造出可能的设计方案，并易于对所得设计方案进行修改。

（5）能够使用已被证明是正确的设计来解释当前的设计。

设计专家系统的典型应用有电路设计、土木工程设计、计算机结构设计、机械产品设计和生产工艺设计等。

5) 规划专家系统

规划专家系统的任务是按照给定目标拟定总体规划、行动计划并进行运筹优化等。规划专家系统具有如下特点：

（1）所要规划的目标可能是动态的或静态的，因而需要对未来的动作作出预测。

（2）所涉及的问题可能是复杂的，要求系统能抓住重点，处理好各子目标的关系和不确定的数据信息，并通过试验性动作作出可行规划。

规划专家系统的典型应用有机器人规划、交通运输调度、工程项目论证、通信与军事指挥以及农作物管理等。

6）监视专家系统

监视专家系统的任务是对系统、对象或过程进行不断观察，再把观察到的行为与其应当有的行为进行比较，以发现异常情况并发出警报。监视专家系统具有下列特点：

（1）具有快速反应能力，能够在造成事故之前及时发出警报。

（2）系统发出的警报具有较高的准确性。

（3）系统能够随时间和条件的变化动态地处理输入信息。

监视专家系统的典型应用有安全监视、防空监视与警报、国家财政监控、疫情监控和农作物病虫害监控等。

7）控制专家系统

控制专家系统的任务是以自适应方式管理一个受控对象或客体的全面行为，使之满足预期要求。

控制专家系统能够解释当前的情况，预测未来可能发生的情况，诊断可能发生的问题并分析原因，不断修正计划并控制计划的执行过程。控制专家系统具有解释、预报、诊断、规划和执行等多种功能。

8）调试专家系统

调试专家系统的任务是对使用的对象给出处理意见和方法。调试专家系统的特点是同时具有规划、设计、预报、诊断等其他专家系统的功能。调试专家系统可以用于新产品和新系统的调试，亦可以用于设备检修。

3.3.2　专家系统的组成及工作原理

不同的专家系统，因功能不同，其结构可能会有一定的差异，但一般都包括人机接口、知识获取机构、知识库、推理机、解释机构、数据库这六部分，其组成框图如图 3-3-1 所示。

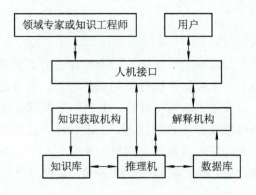

图 3-3-1　专家系统组成框图

专家系统的工作过程是根据知识库中的知识和用户提供的事实进行推理，不断由已知的事实推出未知的结论即中间结果，并将中间结果放到数据库中，作为已知的新事实进行推理，从而把求解的问题由未知状态转换为已知状态。专家系统在运行的过程中，会不断通过人机接口与用户进行交互，向用户提问，并向用户作出解释。

下面对专家系统各组成部分进行介绍。

1. 人机接口

人机接口是专家系统与领域专家或知识工程师及用户的交互界面，由一组程序及相应的硬件组成，用于完成输入输出工作。领域专家或知识工程师通过它输入知识，更新、完善知识库；用户则通过它输入欲求解的问题、已知事实以及向系统提出的问题；系统通过它输出运行结果、回答用户的问题或者向用户索取进一步的事实。

在输入或输出过程中，人机接口需要进行内部表示形式与外部表示形式的转换。如在输入时，它将领域专家或知识工程师及用户输入的信息转换成系统的内部表示形式，然后分别交给相应的机构去处理；输出时，它将系统要输出的信息由内部表示形式转换为人们易理解的外部表示形式并显示给相应的用户。

2. 知识获取机构

知识获取机构是知识库和人类知识之间的媒介。对专家系统而言，最困难的任务在于知识的转化，即将人类知识结构高效、准确、完整地翻译为机器可理解并使用的知识结构，同时要充分考虑在推理机中的适应性。专家系统的知识库是否优越是其核心所在，同时也是专家系统设计的"瓶颈"。专家系统通过知识获取，可以扩充和修改知识库中的内容。此外，专家系统还可以实现自动学习功能，以不断提升其性能。

3. 知识库

知识库是知识的存储机构，用来存放领域内的原理性知识、专家的经验性知识以及有关事实等。知识库中的知识来源于知识获取机构，同时又为推理机提供求解问题所需的知识，与两者都有密切的关系。

问题求解过程中，专家系统要通过知识库中的知识来模拟专家的思维方式，因此，知识库是专家系统质量是否优越的关键所在，即知识库中知识的质量和数量决定着专家系统的质量水平。一般来说，专家系统中的知识库与专家系统程序是相互独立的。这种设计使得用户可以在不改变系统程序的情况下，通过修改、完善知识库中的知识内容来提升专家系统的性能。

4. 推理机

推理机是专家系统的"思维"机构，是模拟专家思维过程以解决问题的核心部分。其主要任务是模拟专家的思维过程，控制并执行对问题的求解。推理机针对当前问题的条件或已知信息，按照推理方法和推理策略进行推理，求解问题的答案或者证明某个假设的正确性。推理方法一般分为精确推理和不精确推理。推理策略有正向推理和反向推理两种，正向推理是从前件匹配到结论，反向推理则先假设一个结论成立，看它的条件有没有得到满足。由此可见，推理就如同专家解决问题的思维方式，知识库就是通过推理机来实现其价值的。

5. 解释机构

解释机构能够向用户解释专家系统的行为方法，包括解释推理结论的正确性以及系统输出其他候选结果的原因等。这种对自身行为的解释可以帮助系统建造者发现知识库及推理机中的错误，有助于对系统的调试及维护。因此，对于用户和系统本身来说，解释机构是不可缺少的。

解释机构一般由程序组成，它能跟踪并记录推理过程，当用户提出问题并要求给出解释时，它将根据问题的要求做相应的处理，最后将解答用约定的形式通过人机接口输出给用户。

6. 数据库

数据库又称为"黑板结构""综合数据库"，用于存放用户提供的初始事实、问题描述，以及推理过程中得到的中间数据、最终结果、推理知识链等。一般使用数据库管理系统处理数据。

数据库中的内容是不断变化的，在求解问题的开始阶段，它存放的是用户提供的初始事实，在推理过程中存放的是每一步推理所得的结果。推理机根据数据库的内容从知识库中选择合适的知识进行推理，然后又把推理结果存入数据库中。由此可见，数据库是推理机不可缺少的一个工作场所，同时它可记录推理过程中的各有关信息，又为解释机构提供了回答用户问题的依据。

专家系统的核心部分是知识库和推理机，下面对知识的表示及推理方法进行简要介绍。

3.3.3　知识的表示

在专家系统中，知识获取是指将人类知识转换为计算机中的数据。对知识的表示就是把知识编码成计算机可识别的数据结构的过程。这种表示知识的数据结构不仅能够被存储，而且方便使用和管理。同一种知识一般可以采用不同的知识表示方法，一种知识表示方法也可以表示不同的知识。求解问题时会综合考虑不同的知识表示方法。目前还没有通用、完善的知识表示模式，相关理论及规范也没有统一。本节主要介绍以下几种常用的知识表示方法。

1. 产生式表示法

产生式的概念产生于 1943 年，由美国数学家波斯特(E. L. Post)提出，经过不断修改和扩充后被专家系统使用并应用于知识表示和推理。基于产生式表示法的专家系统被称为产生式系统。

产生式表示法适合用于描述事实、规则以及不确定性度量。产生式表示法的形式比较简单，一般表示因果关系的知识，基本形式为"P→Q"或者"IF P THEN Q"。P 是产生式前提，Q 是结论或者操作。当规则前提条件 P 被满足时触发 Q 的出现，Q 也可以是其他规则的前提，这样一个简单的规则知识推理链就产生了。

为了严格定义、描述产生式，可以用巴科斯范式(Backus-Naur Form，BNF)给出产生式的形式描述和语义。以下是使用 BNF 描述产生式的一般形式：

〈产生式〉::=〈前提〉→〈结论〉

〈前提〉::=〈简单条件〉|〈复合条件〉

〈结论〉::=〈事实〉|〈操作〉

〈复合条件〉::=〈简单条件〉AND〈简单条件〉[（AND〈简单条件〉)…]

|〈简单条件〉OR〈简单条件〉[（OR〈简单条件〉)…]

〈操作〉∷=〈操作名〉[(〈变量〉,…)]

其中，"前提"又被称为"条件""前提条件""前件""左部"等；"结论"有时被称为"后件"或"后部"等。

在使用产生式规则时，我们需要检查当前已知信息是否与规则的前提条件相匹配。这种匹配的精确性决定了推理的类型：如果匹配是精确的，则进行精确推理；如果匹配不够精确，则进行不精确推理。产生式表示法因能够适应不同类型的推理而显得灵活多变。与条件语句相比，虽然产生式在结构上与之相似，但它们在本质上有所区别。具体来说，产生式的左部通常比条件语句的左部更为复杂，而且产生式规则的触发是由特定的冲突消解策略所决定的，这是条件语句所不具备的特性。因此，产生式在应用上更为精细和复杂。

2. 语义网络表示法

语义网络是奎廉(J. R. Quillian)在研究人类联想记忆时提出的信息学模型。语义网络在知识关系描述上表现出强大功能且较为直观。

不同于产生式表示法对事物因果关系的描述，语义网络表示法侧重于对事物之间的复杂语义关系的描述。语义网络表示法的描述对象包含概念、事物、属性、动作、状态、规则等以及它们之间的语义联系。语义网络是一张描述领域知识的带标记的有向图，节点表示各种事物、概念等对象，弧表示节点之间的语义关系。在语义网络中，最基本的语义单元可以表示为一个三元组，即(节点1，弧，节点2)。节点带有若干属性，一般用框架或元组表示。节点还可以是语义子网络，从而形成多层语义嵌套网络。

以下是使用 BNF 描述语义网络的一般形式：

〈语义网络〉∷=〈基本网元〉|Merge(〈基本网元〉,…)

〈基本网元〉∷=〈节点〉〈语义联系〉〈节点〉

〈节点〉∷=(〈属性-值对〉,…)

〈属性-值对〉∷=〈属性名〉：〈属性值〉

〈语义联系〉∷=〈系统预定义的语义联系〉|〈用户自定义的语义联系〉

Merge(合并)动作就是将语义节点进行嵌套，形成子语义网络。语义网络一般描述事物之间的语义关系，基本的语义关系有 10 种，分别是实例关系、分类关系、成员关系、属性关系、包含关系、时间关系、位置关系、相近关系、推论关系和因果关系。当然，事物之间的关系多种多样，可以在语义网络中自定义。语义网络既可以表示事实性知识，又可以表示事实性知识之间的复杂联系。

语义网络表示法的推理过程一般有继承推理和匹配推理两种。由于语义网络的知识表示形式多样、关系复杂，因此在处理复杂问题时，推理需遍历大量节点与语义关系的组合可能性，易出现"组合爆炸"问题。另外，语义网络的知识表示具有不充分性，不利于进行启发式搜索。

3. 框架表示法

框架表示法是从框架理论发展而来的，具有适应性强、概括性强、结构化好、推理方式灵活、能够将陈述性知识和过程性知识相结合等优势。接下来主要对框架知识表示的工作过程、基于框架表示法的知识推理方法和框架表示法的优缺点进行简要介绍。

类似于产生式和语义网络，框架也可用 BNF 进行描述，具体如下：

〈框架〉∷=〈框架头〉〈槽部分〉［〈约束部分〉］

〈框架头〉∷= 框架名〈框架名的值〉

〈槽部分〉∷=〈槽〉，［〈槽〉］〈约束部分〉∷= 约束〈约束条件〉，［〈约束条件〉］

〈框架名的值〉∷=〈符号名〉|〈符号名〉(〈参数〉，［〈参数〉］)

〈槽〉∷=〈槽名〉〈槽值〉|〈侧面部分〉

〈槽名〉∷=〈系统预定义槽名〉|〈用户自定义槽名〉

〈槽值〉∷=〈静态描述〉|〈过程〉|〈谓词〉|〈框架名的值〉|〈空〉

〈侧面部分〉∷=〈侧面〉，［〈侧面〉］

〈侧面〉∷=〈侧面名〉〈侧面值〉

〈侧面名〉∷=〈系统预定义侧面名〉|〈用户自定义侧面名〉

〈侧面值〉∷=〈静态描述〉|〈过程〉|〈谓词〉|〈侧面名的值〉|〈空〉

〈静态描述〉∷=〈数值〉|〈字符串〉|〈布尔值〉|〈其他值〉

〈过程〉∷=〈动作〉|〈动作〉，［〈动作〉］〈参数〉∷=〈符号名〉

框架与框架之间通过槽值或侧面值连接在一起，从而构成类似于语义网络的框架网络。理论上，单个框架可以通过无限嵌套形成多层框架。为了降低框架的复杂性，一般框架深度不超过三层。约束部分是可选的，用于限定框架被使用的条件。当槽值或侧面值是一个动作或动作串时，框架可以描述过程性知识。

利用框架表示法进行知识表示时，首先应该分析待表示知识中的对象及属性，设定合理的槽。然后再考察对象之间的关系，利用标识槽表示这些二元关系。最后，框架单元之间会构成完整的领域知识体系。在框架结构中一般会有几种常用的槽名，代表对象之间的不同关系。ISA 槽用于指出对象在概念层上的隶属关系。利用 ISA 槽可以确定框架之间的继承性，下层框架继承上层框架的属性及值，但又会有自己特有的属性。一般上层框架比下层框架在概念上更抽象。不同于 ISA 槽在概念层的隶属关系，AKO 槽用于指出事物之间的类属关系，但一般两者可以通用。Subclass 槽用于指出对象之间类与子类的关系。Instance 槽与 AKO 槽是逆关系，用于说明下层框架的范围。Part-of 槽用于指出对象之间部分与全体的关系。Infer 槽用于指出框架之间的逻辑推理关系，我们可以用它来表示产生式规则。Possible-Reason 槽与 Infer 槽相反，表示框架描述知识出现的原因。Similar 槽用于指出框架之间的相似关系。事物之间的关系千千万万，用户可以根据相应的需求自行设定关系槽。

根据框架之间的关系将框架组织起来，就形成了框架系统。框架系统中的问题求解主要是通过匹配和填槽来实现的。具体来讲，基于已知事实与知识库中的框架进行匹配，根据选用策略对预选框架进行评价，通过预选框架的槽值进行启发搜索，直到达到推理的终止条件。匹配过程伴随填槽的动作，根据框架间的继承关系对已知事实框架进行槽和槽值的增减、更新，最终会得到完整的求解框架。

框架表示法是一种结构化的知识表示方法，其优点如下：善于描述结构性的知识；框架之间的嵌套关系构成了框架网络，这种网络结构使得框架能够更加有效地表现事物之间复杂的相互关系；继承性消除了知识表达的冗余描述，较好地保证了知识的一致性；框架的结构能够适应多种推理方法，推理机制可以灵活制定。但是，框架表示法对于过程性知识的描述能力较低，因此通常会将框架表示法和产生式表示法结合使用。总的来说，框架表示法是一种知识表示的技术，它能够将知识以结构化的形式呈现。本体涉及对领域知识的概念化和抽象化，而框架表示法可将本体的这些概念转化为具体的实体，从而使得它们可以被计算机信息系统(例如专家系统)有效地使用和处理。

3.3.4 推理方法

专家系统中的推理机是如何利用知识库进行推理的？这个答案会因知识表示方法的不同而有所不同。在专家系统中，规则是最常用的知识表示方法，下面以规则为例进行说明。

按照推理的方向，推理方法可以分为正向推理和逆向推理。正向推理就是正向地使用规则，从已知条件出发向目标进行推理。其基本思想是，检查规则的前提是否被动态数据库中的已知事实满足，如果被满足，则将该规则的结论放入数据库中，再检查其他的规则是否有前提被满足；重复该过程，直到目标被某个规则推出结束，或者再没有新结论被推出为止。这种推理方法是从规则的前提向结论进行推理的，所以称为正向推理，又由于正向推理是通过动态数据库中的数据来"触发"规则进行推理的，所以它又被称为数据驱动的推理。正向推理案例如下：

设有规则：

r_1: IF A and B THEN C

r_2: IF C and D THEN E

r_3: IF E THEN F

已知 A、B、D 成立，求证 F 成立。

初始时 A、B、D 在数据库中，根据规则 r_1，推出 C 成立，所以将 C 加入数据库中；根据 r_2 推出 E 成立，将 E 加入数据库中；根据 r_3，推出 F 成立，将 F 加入数据库中。由于 F 是求证的目标，因此结论成立，推理结束。

逆向推理则与正向推理相反，其案例如下：

设有规则：

r_1: IF A and B THEN C

r_2: IF C and D THEN E

r_3: IF E THEN F

已知 A、B、D 成立，求证 F 成立。

先将 F 作为假设，发现规则 r_3 的结论可以推导出 F，再检验 r_3 的前提 E 是否成立。目前数据库中还没有记录 E 是否成立，由于规则 r_2 的结论可以推出 E，依次检验 r_2 的前提 C 和 D 是否成立。首先检验 C，由于 C 也没有在数据库中，再寻找结论含有 C 的规则，找到规则 r_1，发现其前提 A 和 C 均成立，从而推出 C。然后将 C 放入数据库中，再检验规则 r_2 的另一个前提条件 D，由于 D 在数据库中，所以 D 成立，从而 r_2 的前提全部被满足，推出 E 成立，并将 E 放入数据库中。由于 E 已经被推出成立，所以规则 r_3 的前提也成立了，从而最终推出目标 F 成立。

3.3.5 专家系统开发流程

专家系统总体来说是一种计算机软件系统，因此一般需遵从软件开发的原则，要充分利用软件工程中的思想和方法。另外，它又是一种基于知识的软件系统，故它的开发又有别于其他软件开发的特点。

1．设计要求和准则

专家系统的性能需要从 4 个方面来考虑，即方便性、有效性、可靠性和可维护性。

方便性是指用户使用时的方便程度，包括系统的提示、操作方式、显示方式、解释能力和表达形式。有效性简单地讲是指系统在实际解决问题时表现在时空方面的代价及所解决问题的复杂性，知识的种类和数量、知识的表示方式以及使用知识的方法或机构都是影响系统有效性的主要因素。可靠性是指系统为用户提供的答案的可靠程度及系统的稳定性，知识库中知识的有效性、系统的解释能力及软件的正确性是影响可靠性的关键因素。可维护性是指专家系统是否便于修改、扩充和完善。

关于专家系统设计的准则，考虑因素不同，角度不同，所给出的准则也不同。为了使所设计的专家系统便于实现，一般要求遵循以下基本原则：

（1）知识库和推理机分离。这是设计专家系统的基本原则。

（2）尽量使用统一的知识表示方法，以便于系统对知识进行统一处理、解释和管理。

（3）推理机应尽量简化，把启发性知识也尽可能地独立出来，这样既便于推理机的实现，同时也便于对问题的解释。

J. A. Edosomwan 给出了设计专家系统的 10 条规则：

（1）获得正确的知识库。知识库必须根据准确的历史知识、工作经验和专家判断能力等来构成，而这些知识经实践检验是成功的。

（2）建立知识库规程。知识库规程应包括一致、正确的求解所涉及的方法，专家系统设计人员必须保证规程是建立在知识库的基础上的。

（3）系统和用户界面及解释有合适的结构。专家系统的提示和解释应当模仿人类表达时使用的短语，不清晰或不易读可能会使系统应用受到限制。专家系统中所用的程序包也应向用户提供尽可能友好的接口。

（4）提供适当的专家系统响应时间。专家系统需适应生产率的提高，其响应时间应尽可能短。在程序设计时，要避免不必要的迭代过程、规则和 DO 循环。对于系统响应时间和分时选择，可运用价值分析法在多个原型程序中进行评价与选择。

（5）对整个系统的变量提供适当的说明和文档，这些说明和文档应包括用户如何在多个方案中进行选择的指导，所涉及的文档通过简单有效的流程图、图形显示和符号等描述。

（6）提供适当的分时选择。系统必要时应考虑供多用户同时使用系统。

（7）提供适应的用户接口，为用户学习新的技巧或增强现有知识库提供方便，避免提供的控制选择给用户造成心理压力。

（8）提供系统内的通信能力。专家系统的各子系统应能有效地通信。

（9）提供自动程序设计和自动控制能力，能向用户报警以避免潜在事故的发生。

（10）具有对现行专家系统的维护或更新能力。解决问题的新技术、新手段和新方法层出不穷，专家系统设计必须考虑提供灵活的维护和更新手段。

2．开发流程

开发专家系统时一般所采取的流程是一个传统程序开发的循环形式，这个循环形式由需求分析、知识获取、知识表示、初步设计、详细设计、实现编码、系统测试与评价构成，最后进行系统管理与维护。

在专家系统开发中，其最初可能不被很好地理解，定义也可能不那么完整，开发过程只能自顶而下。而在每一过程的进行中，又往往需要不断反复回溯，以修改已经完成的过程。在过程的动态反复进行中，系统得以不断优化，最终形成能满足要求的实际系统，下面分别进行介绍。

1）需求分析

在进行专家系统的构思和设计之前，首先必须搞清楚用户需要一个什么样的系统，明确系统功能和各项性能的要求等。因此，需求分析的好坏是影响系统最终成败的关键因素之一。知识工程师通常要花很多时间反复向未来的用户和领域专家提出各种问题，并共同讨论解决各种问题的方法，写出需求分析报告；根据专家与用户们的评审意见，把需求分析报告改写成系统规格说明书，并做出系统开发计划。

2）知识获取

知识获取是专家系统开发过程中最重要的一步，也是最困难的一步，被称为专家系统开发的"瓶颈"。因此，在做了需求分析之后，就要开始寻找该领域内合适的专家以及相应的资料来获取知识。知识获取不仅是知识工程师的主要工作之一，还必须得到领域专家的密切配合和支持，否则是不可能成功的。从某种意义上来说，知识是影响专家系统性能的主要因素，知识获取的成功几乎能使系统成功一半。知识获取将是一个反复进行且不断修改、扩充和完善的冗长过程。

3）知识表示

前面介绍了多种知识表示方法，不同的表示方法适合表达不同类型的知识。因此，根据所选定的领域范围和所获取的知识，选定或设计一两种表示方法来恰当地表示相应领域的知识是一项很重要的工作。值得指出的是，某些专家系统中的知识类型比较多，单一的知识表示方法有时很难实现系统的任务要求。因此，在具体建造专家系统时，可采用多种知识表示方法有机结合的方法。这样，可对不同类型的知识采用最合适的方法来表示，发挥各种方法的优势。

4）初步设计

这个阶段所要完成的任务是从宏观上初步确定系统的体系结构，进行功能模块的划分，确定各功能模块之间的相互关系（包括控制流和数据流等），画出系统的总体结构图，确定主要的用户界面及相应的设计报告或说明书。在总体满足需求分析的前提下，最终确定系统或模块的性能指标，以作为下一步详细设计时要达到的目标。

5）详细设计

在详细设计阶段，知识工程师根据对各功能模块的要求，完成各模块的具体方案设计，以达到对其功能和性能的要求。这一步要具体设计出数据库、知识库、推理机、知识获取机构、解释机构和人机接口的实现方案。程序结构的模块化设计是详细设计阶段的主要方法。首先将整个程序分解为若干模块，每个模块又分解为若干个子模块，有的子模块还可再进一步分解。然后明确各模块和子模块的功能及其入口和出口，以便不同的程序员可明确分工，分别编写不同的模块和子模块。最后完成各模块间接口的具体设计，要求界面清晰、互相联系方便和高效。

6）实现编码

选择恰当的语言或工具，对它们的选择要根据具体情况而定，这些情况包括：是否能够实现上面确定的详细设计；软件编程人员对语言或工具的熟练程度以及实现人员（如测试人员、运维人员）的水平如何；是否能表达所获取的知识；可移植性和可维护性如何等。

如果是在某种"外壳"（Shell）系统中实现，这一步工作将比较简单，仅仅在于把按规定形式表示的知识库与外壳系统连接起来并做必要的测试工作。如果是采用某种知识处理语言由知识工程师自己来实现各个功能模块，则需要对各功能模块进行详细编码与调试，并将这些模块连接起来，进行系统调试。

7）系统测试与评价

各功能模块的测试与评价工作在实现编码阶段已经完成。系统测试与评价的目的在于测试和评估整个系统的功能与性能，并进行必要的修改，以达到在需求分析阶段确定的功能与性能指标。系统的测试与评价必须有领域专家和用户参加，不仅要对程序编码进行测试，同时也要对知识和推理、界面是否满足用户的要求等进行测试与评价。选用一些测试实例与专家的处理结果进行比较，若发现不合理或不满意之处，则由知识工程师或程序编码人员来具体修改，然后再进行下一轮测试，如此循环往复，使系统不断完善，直到最终达到预期目标为止。

系统测试与评价旨在检查整个专家系统的正确性与实用性，以便系统进行修改与完善，或者提供给用户使用。

8）系统管理与维护

系统管理与维护是专家系统开发设计中的一个重要环节。专家系统经过一定时间的实际运行之后将不断积累某些经验和知识，并可能发现某些不足。此时知识库的知识应不断增加与丰富，以提高专家系统的适应性和问题求解能力。因此，应允许对系统继续进行修改与维护，这需要由经验丰富的管理者完成。

上述各个开发阶段往往是不能截然分开的。例如，知识获取和表示与实现过程互相渗透，密切相关。在测试中知识工程师们可能要不断地修改系统的各个部分，也可能要不断地修改已获取的知识，从而有可能重新形成规则，或需要重新设计知识表示方法，发现新概念或取消旧概念，甚至可能要重新进行需求分析。

3.3.6　专家系统实例

为了让读者对专家系统有一具体认识，下面以一个动物识别系统为例，说明专家系统的设计过程。该系统是一个用于识别虎、金钱豹等七种动物的小型专家系统，下面讨论该系统的系统结构、知识表示、适用知识的选取、推理的结束条件和推理过程等。

1. 系统结构

该系统由主控模块、创建知识库模块、建立数据库模块、推理机及解释机构等五个功能模块组成，如图 3-3-2 所示。

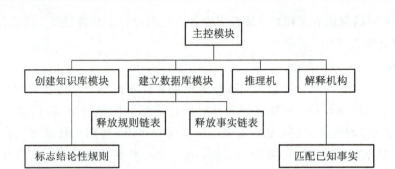

图 3 – 3 – 2　动物识别系统结构

创建知识库模块用于知识获取，建立知识库，并且把各条知识用链连接起来，形成"知识库规则链表"。此外，它还对包含最终结论的规则进行检测，将其标记为"结论性规则"，方便推理过程中快速识别、调用这类规则。建立数据库模块用于把用户提供的已知事实以及推理中得到的新事实放入数据库中，并分别形成"已知事实链表"和"结论事实链表"。推理机用于实现推理，推理中凡是被选中参与推理的规则形成"已使用规则链表"。解释机构用于回答用户的问题，它将根据"已使用规则链表"进行解释。

2. 知识表示

知识用产生式规则表示，相应的数据结构如下：

```
struct RULE-TYPE{
char * result;
int lastflag;
struct CAUSE-TYPE * cause-chain;
struct RULE-TYPE * next;
};
```

已知事实用字符串描述，并且连成链表，相应的数据结构如下：

```
struct CAUSE_TYPE {
char cause;
struct CAUSE_TYPE * next;
};
```

3. 适用知识的选取

为了进行推理，需要根据数据库中的已知事实从知识库中选用合适的知识，本系统采用精确匹配的方法做这一工作。如果知识的前提条件所要求的事实在数据库中都存在，就认为它是一条适用知识。

4. 推理的结束条件

如何控制推理的终止，是推理中必须解决的问题。一般来说，当如下两种情况中的某一种出现时可终止推理：

（1）知识库中再无可适用的知识。

（2）经推理求得了问题的解。

对于前一种情况，很容易进行检测，只要检查一下当前知识库中是否有前提条件可被数据库的已知事实满足且为未使用过的知识就可得知。对于后一种情况，关键在于如何让系统知道怎样才算是求得了问题的解。该系统中采用扫描知识库的每一条规则的方法。若一条规则的结论在其他规则的前提条件中都不出现，则这条规则的结论部分就是最终结论，含有最终结论的规则称为结论性规则。对于结论性规则，为它做一标记，每当推理机用到带标记的规则进行推理时，推出的结论必然是最终结论，此时就可终止推理过程。

5. 推理过程

本系统采用正向推理，条件匹配采用字符串的精确比较方式。其推理过程如图 3-3-3 所示。

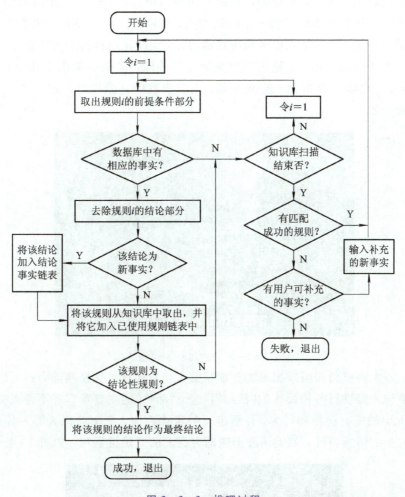

图 3-3-3　推理过程

首先，从规则库中取出一条规则 i，将 i 中的前提部分与初始事实集中的事实进行比较。如果匹配成功，将此规则 i 的结论部分作为新的事实加入知识库的初始事实集中，得到新的事实或结论；如果匹配失败，则选择下一个规则进行匹配，直到找到匹配的规则或无法匹配为止。不断执行匹配和推导的过程，直到最终得到目标结论。

上述问题的求解过程是一个不断从规则库中选取可用规则与知识库中事实进行匹配的过程，规则的每一次匹配都会使知识库增加新的内容，并朝着问题的解决前进一步，这就是一个正向推理过程。

3.4 智能机器人技术(拓展阅读)

3.4.1 智能机器人概述

1. 智能机器人的概念

说到智能机器人,很多人可能会联想到美国科幻电影《终结者3》里由阿诺德·施瓦辛格和克里斯塔娜·洛肯扮演的来自未来的机器人,如图3-4-1所示。电影中来自未来的两个机器人无所不能,具有独立思考和决策能力,义无反顾地执行主人的指令。其中,女机器人的任务是刺杀约翰·康纳,她为达目标而不择手段,甚至不惜伤害其他的人类,明显违反了"机器人三定律"。实际上,直到到今天,人类研发的智能机器人的智能程度远未达到电影中的这种程度。

图3-4-1 《终结者3》机器人

现阶段,各大科技公司研发出来的智能机器人,是具有自我控制能力的可以自由移动、行走、主动模仿人类进行各种操作的"活物"。这个"活物"的主要器官并不像人类那样复杂,也不能模仿人类的所有动作和行为,外形也不一定像人类,更不能像人类一样进行独立思考,不具备人类的情感特征,如美国波士顿动力研发的四足机器狗,如图3-4-2所示。

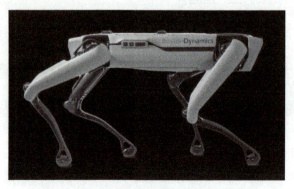

图3-4-2 波士顿动力研发的四足机器狗

ISO(国际标准化组织)对机器人的定义是：具有一定程度的自主能力，可在其环境内运动以执行预期任务的可编程执行机构。一般认为，所有拥有自主能力的机器人都应该被称为智能机器人，这种机器人具有自主学习能力，具备发达的"大脑"，可以根据外部环境信息来执行任务，在一定程度上可取代人力进行思考和劳动。机器人不一定长得像人，不一定像人一样有鼻子、眼睛，当然，也有科技公司专门研发仿生机器人，比如日本在 2019 年就推出了仿生机器人。该款机器人不但长得像人，而且智能程度很高，不但能和人类用自然语音正常地进行沟通，还能主动做一些家务，可以连接家里众多电器(比如空调、电视、洗衣机、冰箱、智能门锁等)进行操控，甚至比人类做得都好。

智能机器人要能对外部环境作出智能决策和行为，这需要其具备三个基本部分：一是各类智能传感器，用于采集外部环境信息；二是算力强大的 AI 处理器，用于及时处理传感器收集的数据；三是执行部件，如四肢、关节、机器手臂等，用于反馈。

2. 机器人发展史

机器人的英文名为 Robot，Robot 一词源于捷克科幻小说家卡雷尔·恰佩克于 1920 年发表的科幻剧本《罗素姆万能机器人》。在该剧本中，作者卡雷尔·恰佩克把捷克语"Robota"(其意思是从事劳动的农奴)写成"Robot"。《罗素姆万能机器人》预告了机器人的发展对人类社会科学与技术的悲剧性影响，因而极受关注，这被当成了机器人的起源。

1)第一代机器人：示教再现型机器人

示教再现型机器人(如图 3-4-3 所示)通过一个计算机系统来控制具有多自由度的机械，通过示教存储程序和信息，工作时把信息读取出来，重复示教程序，再现示教动作。示教再现型机器人没有传感器，不能感知外部环境，只能进行简单重复的机械动作。

图 3-4-3　示教再现型机器人

1947 年，美国橡树岭国家实验室研发了世界上第一台遥控的机器人，用于搬运和处理核燃料，替代人类进行危险环境的劳动。

2)第二代机器人：带感觉的机器人

20 世纪 60 年代中期，欧美国家相继进入机器人研究领域，英国爱丁堡大学、美国麻省理工学院、美国斯坦福大学等陆续成立了机器人实验室。同时美国兴起了研究第二代带传感器、"有感觉"的机器人的热潮,并向人工智能进发。这种带感觉的机器人能够实现类似人类某种感官的功能。

1968 年,美国斯坦福研究所公布了他们成功研发的机器人 Shakey。该机器人带有视觉传感器,能根据人的指令发现并抓取积木,这标志着世界第一台智能机器人诞生。

3)第三代机器人:智能机器人

智能机器人拥有自主学习能力,具备发达的"大脑",可以根据外部环境信息作出智能化决策和行动,执行预定任务。

人工智能之父图灵在 1950 年提出著名的"图灵测试"理论:在人类(测试者)和电脑(被测试者)被隔开的情况下,由电脑在 5 分钟内回答人类测试者提出的一系列问题,如果有超过 30%的答案让测试者误认为是人类在回答,则认为电脑具有人工智能。

2014 年 6 月 7 日,在伦敦皇家自然知识促进学会举行的"2014 图灵测试"大会上,聊天程序 Eugene Goostman 首次通过了图灵测试,这预示着人工智能进入全新时代。

2021 年 8 月,美国波士顿动力公司在 YouTube 上放出机器人 Atlas 的酷跑运动视频。通过前期的学习,Atlas(如图 3-4-4 所示)熟练展示了跳跃、平衡木和跳马等高难度动作,Atlas 在高强度的运动中,能十分流畅通过斜面、独木桥等各种障碍,还能进行后空翻,表现得像一个专业运动员。人工智能的发展快速推进了智能机器人的研发速度,机器人 Atlas 的表现,预示着人类终将全面进入人工智能时代。

图 3-4-4 波士顿动力智能机器人 Atlas 的酷跑运动

3.4.2 智能机器人的分类

机器人可分为一般机器人和智能机器人,智能机器人根据其智能程度的不同,又可分为传感型、交互型和自主型。

1. 传感型

传感型智能机器人的本体上没有智能单元,只有执行机构和感应机构,它具有利用传感器接收到的信息进行传感信息处理、实现控制与操作的能力。

传感型智能机器人受控于外部计算机,所以又称外部受控机器人。该机器人将传感器采集到的各种信息和本身的身体姿态、位置、轨迹等信息传输至外部计算机,由外部计算机进行处理,然后再根据处理结果发出控制指令,指挥机器人的动作。机器人世界杯小型组比赛中使用的机器人就属于传感型智能机器人,如图 3-4-5 所示。

图 3-4-5　机器人世界杯小型组比赛中使用的机器人

2. 交互型

交互型智能机器人指的是通过计算机系统能与操作员或程序员进行人机对话的机器人。此类机器人具有传感器,具有部分决策和处理能力,但还是受外部控制。交互型智能机器人可以通过示范训练来学习,最终可以替代人类执行各种任务,比如人类控制机器人的手臂进行一系列动作(如货物的分拣或搬运),机器人会记住并能重复动作,从而替代人类进行劳动。如图 3-4-6 所示的工业机器人,由多关节机械手组成,可以接受操作员指挥,也可以按照预先编排的程序自动执行任务。

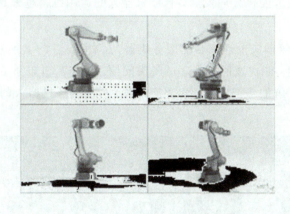

图 3-4-6　工业机器人

3. 自主型

自主型智能机器人是指具有自主学习能力、能自适应外部环境、不依赖任何外部系统控制而独立活动和执行任务的机器人。

自主型智能机器人可以实现与人、与外部环境以及与其他机器人之间的实时信息交流。智能机器人的研究从 20 世纪 60 年代初开始,经过几十年的发展,目前已经取得较大进展,各大科技公司大都研制出多种样机,如美国波士顿动力研发的机器人 Atlas 就属于自主型智能机器人。2022 年初，由上海交通大学自主设计研发的六足滑雪机器人（如图 3-4-7 所示）在沈阳完成了初级道、中级道以及与人共同滑雪实验。该机器人无须人为干预，就可以实现启动、滑行、转弯、制动、自动避让障碍物、自动规划路线等，属于自主型智能机器人。

图 3-4-7 六足滑雪机器人

3.4.3 智能机器人的应用场景

2013 年汉诺威工业博览会上德国提出"工业 4.0"，旨在利用物联网系统，建立智能工厂、智能生产、智能物流，最后达到快速、有效的产品供应，提高德国工业的竞争力。2015 年，我国提出"中国制造 2025"，旨在打造具有国际竞争力的制造业，全面推进制造强国战略。德国的"工业 4.0"与"中国制造 2025"的提出与部署，预示全球制造业正在向着自动化、集成化、智能化及绿色节能化方向发展，智能机器人的运用也将越来越广泛。

1. 接待服务

京港地铁于 2021 年国庆前迎来智能服务机器人（如图 3-4-8 所示），该机器人具备语音交互功能，反应迅速，能快速回答乘客的各类问题。从乘客须知到站厅地图，从列车时间到天气情况，乘客想了解的各类信息，它都能解答。智能服务机器人的出现，使乘客出行更便捷、更优质。

图 3-4-8 京港地铁智能服务机器人

2. 送餐服务

近年来，越来越多的酒店、农家乐等引入了送餐服务机器人，此类机器人具备自动送餐、空盘回收、菜品介绍、点菜等功能。

送餐服务机器人配有智能感应系统，把饭菜送到点餐的餐桌，就会自动停下来，遇到人也会自动停止，并进行语言提示，提醒行人或者障碍物让行，待障碍解除后继续工作。

送餐服务机器人的引入，不但节约了人力成本，提高了送餐效率，还给客户全新的用餐体验。

3. 井下作业(能源和矿产采集)

随着 5G 通信技术的推广及运用，2021 年 6 月 6 日，由中国煤科太原研究院承担的国家重点研发计划"大型矿井综合掘进机器人"项目启动，标志着井下作业机器人的研究与运用从国家层面正式启动。该项目以煤矿井下掘进作业的智能机器人的运用研究为目标，研发具有自主行走能力、定步距跟随行走功能、自动支护能力、自动截割功能以及挖掘与定位一体的集成开发煤矿综合掘进机器人系统，由此实现无人掘进作业。井下机器人如图3-4-9所示。

图 3-4-9　井下作业机器人

4. 仓储及物流

在仓库范围内，仓储机器人为物流行业提供了成本低廉、便捷智能的劳动力，备受各大物流公司重视。我国物流业正努力从劳动密集型向技术密集型转变，仓储机器人也在国内应运而生。从目前的应用来看，仓储机器人主要以承担着搬运、码垛、分拣等功能的机器人为主。这些机器人不仅可以让整个物流环节更加便利，减少错误信息的产生，而且可以降低劳动力的体力负担，提高工作效率。如图3-4-10所示为波士顿动力仓储物流机器人。

图 3 - 4 - 10　波士顿动力仓储物流机器人

5. 制造业

制造业中用到的主要是工业机器人，现代工业机器人是集电子、机械、自动控制、计算机、智能传感器、人工智能等多学科先进技术于一体的现代自动化制造设备，可代替传统工人在各种特殊、复杂的环境中进行高效作业，降低企业成本并提高效益。

据统计，我国有 50% 的工业机器人服务于汽车制造行业，在汽车制造行业中又有 50% 以上的工业机器人为焊接机器人。汽车制造业中的机器人如图 3 - 4 - 11 所示，可用于冲压、焊接、喷漆、组装等任务中。

图 3 - 4 - 11　汽车制造业中的机器人

6. 智能陪伴

智能陪伴机器人目前主要针对儿童开发，立足于 AIED（Artificial Intelligence in Education，人工智能赋能教育产业）技术，通过人机语音互动、在线教育课程、智能生活管理等满足中国家庭在儿童知识教育、习惯养成等方面的需求。目前，智能陪伴机器人可以为孩子提供在线教育资源、人工智能互动、特色功能等智能服务。

此外，智能机器人的应用场景还有楼宇及室内配送、复杂环境与特殊对象的专业清洁、城市应急安防、影视作品拍摄与制作、国防与军事、太空探索等，感兴趣的同学可以自行查阅相关资料进行学习。

人工智能应用技术

本 章 习 题

1. 什么是计算机视觉？

2. 请说明计算机视觉处理过程的四个层次。

3. 请比较计算机视觉图像识别所使用的基于浅层网络的学习方法与基于深度网络的学习方法的优缺点。

4. 专家系统由哪几个部分组成？各自的功能是什么？

5. 专家系统中"解释"功能的作用是什么？

第4章　人工智能应用领域

　　自人工智能诞生以来，其理论和技术日益成熟，应用领域也不断扩大。目前，人工智能已经贯穿到生活当中，在制造、农业、交通、教育、金融等领域实现广泛应用，使人民的生活更加便利，可解决人工难以完成的难题。可以设想，未来人工智能带来的科技产品，将会是人类智慧的"容器"。本章从智能制造、智能农业、智能交通、智能教育、智能金融、智能医疗等方面介绍人工智能的主要应用。

4.1　智能制造

4.1.1　智能制造概述

　　智能制造是指在制造工业的各个环节中以一种高度柔性与高度集成的方式，通过计算机来模拟人类专家的制造智能活动，对制造中的问题进行分析、判断、推理、构思和决策。智能制造旨在取代或延伸制造环境中人的部分脑力劳动，并对人类专家的制造智能进行收集、存储、完善、共享、继承与发展。近年来，智能制造是很多工业发达国家积极推进和重点发展的领域。随着互联网与人工智能技术的发展，衍生出大量智能制造相关的技术与政策，例如两化融合①、深度融合、工业互联网②、信息物理系统（Cyber Physical Systems，CPS）③、德国工业 4.0④、互联网＋制造业⑤、云制造⑥、大数据制造⑦等，以及智

---

① 两化融合是信息化和工业化的高层次的深度结合，是指以信息化带动工业化、以工业化促进信息化，走新型工业化道路；两化融合的核心就是信息化支撑，追求可持续发展模式。

② 工业互联网是新一代信息通信技术与工业经济深度融合的新型基础设施、应用模式和工业生态，通过对人、机、物、系统等的全面连接，构建起覆盖全产业链、全价值链的全新制造和服务体系，为工业乃至产业数字化、网络化、智能化发展提供了实现途径，是第四次工业革命的重要基石。

③ CPS 是在环境感知的基础上，深度融合计算、通信和控制能力的可控可信可扩展的网络化物理设备系统。它通过计算进程和物理进程相互影响的反馈循环，实现深度融合和实时交互，以此增加或扩展新的功能，以安全、可靠、高效和实时的方式检测或者控制一个物理实体。

④ 工业 4.0 的概念最早出现在德国，于 2013 年的汉诺威工业博览会上被正式推出，其核心目的是提高德国工业的竞争力，在新一轮工业革命中占领先机。它是德国政府在《德国 2020 高技术战略》中所提出的十大未来项目之一。

⑤ "互联网＋制造业"的理念是把 ICT 技术融合到制造业的产品设计、生产、销售中，实现制造业"高效、安全、节能、环保"的"管、控、营"一体化。

⑥ 云制造是在"制造即服务"理念的基础上，借鉴了云计算思想发展起来的一个新概念。云制造是先进的信息技术、制造技术以及新兴物联网技术等交叉融合的产品，是"制造即服务"理念的体现。

⑦ 大数据可以为制造业带来更精确、更先进的流程和更优质的产品，弥补目前制造业的低水平。

能设计[①]、数字化制造[②]、虚拟制造[③]、集成制造[④]、协同制造[⑤]、智能物流、绿色制造[⑥]、一体化优化制造、服务制造等。

4.1.2　智能制造的典型应用

1. 智能分拣

智能分拣是指识别物品 ID 属性并根据该地址信息对物品进行分类传输，将不同类的物品进行区分，以便后续统一处理。这里的物品可以是快递包裹，也可以是零售业商业包装，还可以是生产车间的原材料或者成品等。智能分拣技术可以帮助用户大幅提高生产效率，适用于邮政快递和各类物流配送中心进行各类货物、包裹、服装、文件和印刷品的高速分拣。

2. 工业机器视觉

新一代人工智能，特别是机器视觉技术已被广泛应用于工业制造过程中的产品质量检测和质量保证。在机械加工行业，机器视觉技术被应用于机械加工表面检测，以及装配线上的部件损坏检测等。在汽车行业，机器视觉技术也被广泛应用于表面质量检测、车轮定位和位置校准等任务。在纺织行业，机器视觉技术被应用于纤维质量的检测。此外，3D 打印过程中的打印质量检查、显示器质量检测、瓷砖对齐检测等不同行业中的质量控制也都可以由机器视觉完成。为了实现质量检测过程的远程监控，基于计算机视觉和网络的质量监控系统被开发和应用。该系统通过运用不同的机器视觉分类方法，可以实现装配机不同故障的检测和分类。例如产品表面外观检测，就是利用计算机视觉模拟人类视觉功能，对产品表面图像进行采集、处理、计算，最终实现产品外观的实际检测和控制，避免了因生产条件、主观判断等影响检测结果的准确性，大大提高了生产作业的效率。工业机器视觉示意图如图 4-1-1 所示。

---

① 智能设计是指应用现代信息技术，采用计算机模拟人类的思维活动，提高计算机的智能水平，从而使计算机能够更多、更好地承担设计过程中的各种复杂任务，成为设计人员的重要辅助工具。

② 数字化制造是指在数字化技术和制造技术融合的背景下，并在虚拟现实、计算机网络、快速原型、数据库和多媒体等支撑技术的支持下，根据用户的需求，迅速收集资源信息，对产品信息、工艺信息和资源信息进行分析、规划和重组，实现对产品设计和功能的仿真以及原型制造，进而快速生产出达到用户要求性能的产品的整个制造全过程。

③ 虚拟制造是指仿真、建模和分析技术及工具的综合应用，以增强各层制造设计和生产决策与控制。

④ 集成制造系统(Computer Integrated Making System，CIMS)又称计算机综合制造系统，在这个系统中，集成化的全局效应更为明显。在产品生命周期中，各项作业都已有了其相应的计算机辅助系统，如计算机辅助设计(CAD)、计算机辅助制造(CAM)、计算机辅助工艺规划(CAPP)、计算机辅助测试(CAT)、计算机辅助质量控制(CAQ)等。

⑤ 协同制造充分利用 Internet 技术为特征的网络技术、信息技术，将串行工作变为并行工程，实现供应链内及跨供应链间的企业产品设计、制造、管理和商务等的合作的生产模式，最终通过改变业务经营模式与方式达到资源充分利用的目的。

⑥ 绿色制造又称为环境意识制造(Environmentally Conscious Manufacturing)、面向环境的制造(Manufacturing For Environment)等，是一个综合考虑环境影响和资源效益的现代化制造模式。

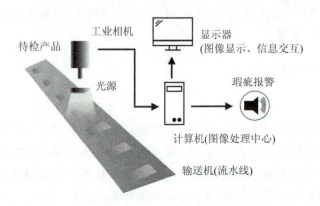

图 4 - 1 - 1　工业机器视觉示意图

3. 智能决策

智能决策是在复杂和不确定的环境中，运用智能算法和模型进行的决策过程。它涉及数据分析、模式识别和机器学习等技术，目的是提高决策的效率和准确性。智能决策支持系统是实现智能决策的工具和平台。智能决策支持系统是以信息技术为手段，应用治理科学、计算机科学及有关学科的理论和方式，针对半结构化和非结构化的决策问题，通过提供背景材料、协助明确问题、修改完善模型、列举可能方案、进行分析比较等方式，为治理者作出正确决策提供帮助的智能型人机交互信息系统。基于专家系统技术，智能决策支持系统能够更充分地应用人类的知识，如关于决策问题的描述性知识、决策过程中的过程性知识及求解问题的推理性知识，利用逻辑推理技术，辅助解决复杂决策问题。智能决策过程如图 4-1-2 所示。

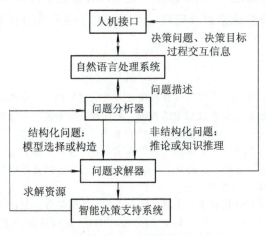

图 4 - 1 - 2　智能决策过程

4. 数字孪生

数字孪生(Digital Twin，DT)是充分利用物理模型、运行历史等相关数据，集成多学科、多物理量、多尺度、多概率的仿真过程，它在虚拟空间中完成映射，从而反映相对应的实体装备的全生命周期过程。数字孪生是一种超越现实的概念，可以被视为一个或多个重要的、彼此依赖的装备系统的数字映射系统。

数字孪生是个普遍适应的理论技术体系，可以应用在各种行业中（目前主要是工业）对核心设备、流程进行优化，并简化维护工作，目前它在产品设计、产品制造、医学分析、工程建设等领域应用较多。

5. 设备健康管理

工业大数据驱动的设备健康管理通过对生产制造流水线的过程监控数据、设备运行的实时状态数据等进行采集、筛选、传输和分析，解释系统故障的特征，提前主动识别系统运行过程中的潜在异常，确定故障性质、部位和起因，并准确预报设备故障的程度和劣化趋势。设备健康管理可为设备运维管理提供科学依据，实现工业设备的预测性维护，提高生产过程的连续性、可靠性和安全性，并为客户提供设备的状态监测、故障诊断与分析、设备效能分析、全生命周期管理等，服务于企业管理者、设备管理人员、诊断工程师以及运维保养人员。

6. 产品质量管控

在产品生命周期管理（Product Lifecycle Management，PLM）中，数据驱动的工业智能技术能够利用产品制造过程数据和质量检测数据，进行产品质量管控，实现产品生产的可追溯性，并对流程进行优化。具体来讲，对产品质量与原材料质量、设备状态参数、工艺流程、车间环境等因素进行相关性分析，确定影响产品质量的主要因素；在此基础上，构建产品质量与这些因素的映射关系，精确预测产品质量。进一步地，利用智能优化算法，对产品生产过程进行优化调度，可以实现自适应的产品质量监控和优化管控。以深度学习为代表的新一代人工智能技术，在这里可以看作是黑盒模型，它可以自适应地提取影响因素与产品质量指标间的关系。例如，可以采用实时预测方法，在批量操作期间评估最终产品质量，捕捉操作过程信息与最终产品质量的时变关系，从而实时预测产品质量。产品质量管控如图 4-1-3 所示。

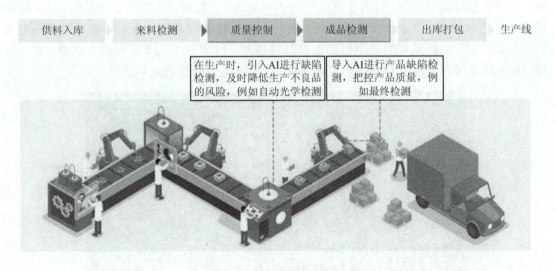

图 4-1-3　产品质量管控

7. 产品供应链优化和生产计划调度

产品的供应链涉及从生产到销售、服务的整个流程，供应链的优化对于减少成本、提升效率具有极其重要的意义，也是工业大数据分析的主要应用场景之一。高质量的供应链管理系统可以有效分配生产资源，并且可以对各种突发情况表现出较高的鲁棒性。工业大数据驱动的人工智能技术可以为供应链预测和调度决策提供全面的信息支持。例如：可利用基于人工智能的预测系统，对供应链绩效的潜在问题、发展趋势进行前瞻性诊断与预警，为理性决策提供依据；利用深度强化学习方法调度自动化生产线，可避免手动提取特征并克服缺乏结构化数据集的问题，提高自动化生产的适应性和灵活性；利用人工智能优化调度，可协调不同天气和负载条件下的气体、热量、电力和碳之间的相互作用。此外，工业互联网、云制造等网络化制造环境中的计划和调度问题也越来越受到研究者和工程人员的关注。

4.2 智能农业

4.2.1 智能农业概述

智能农业指的是在信息技术的辅助下实现农业生产的工业化、高效化，并突破传统农业生产在时间、空间等方面的局限性，实现反季节、全天候、周期性农业规模化生产，由此来达到一种"低投入、高产出"的现代化农业生产目标。在大数据技术、人工智能的双重作用下，农业生产者不仅能够做到科学种植，还能充分了解农业市场行情。具体来讲，对农业生产规模、生产对象等进行合理规划，并综合掌控农业生产设施设备、资源、信息等，以此来实现对农业生产情况的动态、直观化掌控，为高效化农业生产做准备，能够前瞻性地对农作物市场行情作出科学判断，有效规避行业风险。

近年来，随着现代技术在工业领域的不断应用，农业生产现代化程度逐步提升，但受地理环境、气候变化、人口增长等因素的影响，我国农业仍存在很多问题，如土地资源短缺、农业生态环境恶化等。随着生活水平的不断提高，人们对农业提出了更高的要求，农业转型升级迫在眉睫，而农业转型升级的关键在于人工智能等新技术在农业领域的应用与推广。人工智能在农业领域的应用包括土壤智能探测、智能种子选育、病虫害防护、天气预报、田间智能管理和除草与农作物采摘等。图 4-2-1 为智慧农业示意图。

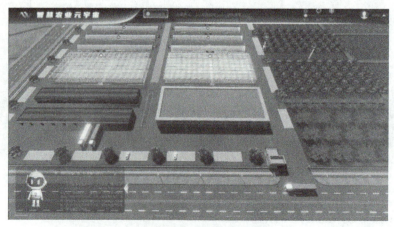

图 4-2-1 智慧农业示意图

4.2.2　智能农业的典型应用

1. 土壤智能探测

土壤智能探测是一种结合了传统土壤探测和现代智能技术的探测方式。它通过传感器网络、大数据、物联网（IoT）和人工智能（AI）等技术，快速、实时、精准地实现土壤的探测和监测。土壤智能探测系统是一种用于实时探测土壤状况的综合性系统，集土壤温湿度、土壤 pH 值、土壤电导率的采集、存储、传输和管理于一体，旨在提供准确、持续的土壤数据分析。它广泛应用于农业、生态保护和环境治理中，帮助管理者掌握土壤变化趋势和健康状况。

2. 智能种子选育

种子是农业生产中最重要的生产资料之一，种子质量直接关系到农作物的产量，因此在农作物栽种之前，需要在选种上做很多的工作。

基于人工智能进行选种、检测，提升了种子的纯度和安全性，同时也提升了农作物的质量，对提高农作物产量起到了很好的保障作用。人们利用人工智能技术精准设计自然界不存在的优异等位变异，并利用基因编辑技术将优异等位变异写入作物基因组，改良关键农艺性状，对传统杂交育种形成补充。此外，人们通过学习自然界的启动子 DNA 序列和蛋白质，还可以设计自然界不存在的启动子和蛋白质。

3. 病虫害防护

AI 时代，利用人工智能治理病虫害已成大趋势。国内外对病虫害治理的智能化已经做了多年探索，研制的智能化装备也多种多样，可以根据历史病虫害发生情况，结合天气变化趋势、土壤温度、特定的遥感图像及其他影响因子，并通过特定算法，模拟病虫害发生情况，及时对特定区域害虫入侵情况进行检测和预警。有的智能设备使用高光谱遥感图像、田间传感器，能根据历史发病信息及天气情况为用户检测、预测农作物健康状况。用户可以通过移动客户端查看农作物健康状况，这极大地降低了用户上手的门槛。通过预测，每个生产季，农药投入可以减少 50％，同时因病虫害引起的减产可以降低 20％。

农业一直深受病虫害影响，为解决农作物"看病难、诊断难"的问题，可将人工智能融入农业生产服务，创新应用系统。基于千万级图片数据库和 AI 算法，系统通过农作物照片，就可以快速识别农作物病虫害，并提供相应的防治方案。

4. 天气预报

研究表明，90％的农作物损失是由天气事件造成的，其中 25％的损失可通过天气预测模型预防。人工智能可用于天气跟踪和预报，具体而言，就是使用手持仪器、传感器、GPS 和野外气象站等各种设备实时收集天气信息，构建准确的天气预测模型，助力农民作出各种决策，如及时播种农作物。

5. 田间智能管理

田间智能管理就是利用大数据、人工智能和预测分析提供有关农场运营的"深层"信息，为农民提供日常农场问题的解决方案，比如精确农艺、农作物管理、风险管理等，实现物理农场到数字农场的转变。田间智能管理可以协助农民调整耕作计划，监控农作物长势，优化土地利用，预测产量等。

6. 除草与农作物采摘

除草机器人利用人工智能图像辨识技术，可以准确地判断"杂草"和"农作物"，再进行除草剂的喷洒。与传统的大面积喷洒农药方式相比，这种除草方式不但降低了成本、提高了效率，而且对环境和农作物有较好的保护。

智能采果机器人利用定位和图像识别技术选择采摘对象，然后使用真空管道和机械手臂采果，降低了劳动成本。自动分拣机器人通过视觉系统可对水果或蔬菜的大小、光泽、颜色等进行分类。

▶▶ 4.3 智能交通

4.3.1 智能交通概述

交通系统被认为是人类生存、生产、生活与发展中最为基础、庞大的具有高度随机性、动态性、模糊性、不确定性和复杂性的系统之一。面向交通安全可靠、便捷顺畅、经济高效、绿色集约、智能先进、公平持续等目标及高新技术的运用，交通系统在挑战中不断地变革与重构。现阶段交通系统仍面临着复杂交通网络难刻画、系统难解析、模型庞杂难求解等关键痛点问题。随着信息化、数字化、网联化、智能化交通系统的建设与发展，交通系统科学与工程体系也将重建。人工智能技术的数据、算法、算力已成为新一代交通系统科学技术的发力点，交通人工智能体系的建立与发展方兴未艾。人工智能在交通领域的应用包括智能交通信号灯、航空优化、共享单车调度决策、驾驶辅助、自动驾驶等。

4.3.2 智能交通的典型应用

1. 智能交通信号灯

智能交通信号灯结合地图 APP、视频监控等数据，分析并锁定拥堵原因，智能配时调控信号灯、诱导屏等，缓解道路拥堵。它可以通过自动识别车辆信息，对警车、消防车等特殊车辆调整道路的优先级权重，促进道路利用率的提高。当发生输入数据缺失等意外情况时，智能交通信号灯可根据历史数据产生次优的配时方案，并同步检查故障，具有良好的容错能力。

2. 航空优化

航空优化主要包括：航线网络优化，机组排班优化，客运、货运收益管理，不正常航班恢复等。飞机排班是航班计划中的一个重要环节，飞机利用率仍有提高空间。在满足运行规则的前提下，安排紧凑的飞机路线并选择合适机型执行该路线，能够保证航空公司收益的最大化。充分利用机组资源，合理编制机组排班计划，能够在确保航班运行安全的基础上，提升机组资源的利用效率。针对客机载客、载货情况，构造机型指派、飞机排班与路线一体化优化模型，优化航空货运路线。

3. 共享单车调度决策

智能调度系统是解决城市共享单车供需匹配的智能系统。该系统能基于智能锁收集定位信息，智能分析热力图、站点标签、历史骑行数据、天气等因素，并通过算法和人工智能实时计算车辆供需缺口，向运维人员派发调度任务；同时能精准预测未来需求，优化调度决策，提升平台运营效率，从而减少城市各点位车辆堆积，满足用户骑行需求。

4. 驾驶辅助

驾驶辅助系统可借助安装在汽车上的毫米波雷达、激光雷达、摄像头、超声波雷达等传感器设备感知车身周围环境并收集数据，在进行静动态物体辨识、侦测与追踪后通过系统的运算与分析，使司乘人员预先察觉可能发生的情况与危险，从而有效增加汽车驾驶的舒适性与安全性，减少交通事故出现的可能性。驾驶辅助包括车道偏离预警、疲劳驾驶监测、前车避撞和行人检测预警、夜市辅助和智能车载等。

5. 自动驾驶

汽车自动驾驶系统是一种智能汽车系统，它通过人工智能、视觉计算、雷达、监控装置和全球定位系统的协同作用，使车载电脑在没有任何人类主动操作的情况下，自动、安全地行驶汽车。

4.4　智能教育

4.4.1　智能教育概述

智能教育包括利用人工智能赋能的教育和以人工智能为学习内容的教育。前者又称为智能化教育，智能化教育是指基于智能感知、教学算法与数据决策等技术，利用智能工具对学习者、教师、教学内容、教学媒体及教育环境进行自动分析，实施精准干预，支持个性化学习与规模化教学，形成教育的智能生态，培养学习者智能素养和实现教育高绩效的理论与实践。后者属于智能科技教育，是面向社会公民的智能素养教育，包括不同层次的人工智能科学、人工智能技术、人工智能应用方法等方面的知识、能力与情感教育。

4.4.2　智能教育的典型应用

1. 智能导师

智能导师是人工智能在教育领域的一个重要应用，它能够根据学生的兴趣、习惯和学习需求为其制订专门的学习计划，有利于学生的个性化学习。智能导师通过自然语言处理和语音识别技术来实现计算机扮演导师角色的功能，能够在学习者学习的过程中实时跟踪、记录和分析学习者的学习过程和结果，以了解其个性化的学习特点，并根据这一特点为每一位学习者选择合适的学习资源，制订个性化的学习方案。智能导师还能够对学习者的学习表现和问题解决的情况进行评价和反馈，并提出相应的建议。

智能导师辅助教学系统作为学生学习的助手，可以帮助学生管理学习任务和时间，分享学习资源，引导学生积极主动地参与到学习中，并通过与学生的友好合作，促进学生的学习。除此以外，各种基于语音技术的虚拟智能助手也正在成为人们学习的好帮手。例如苹果手机中的 Siri，人们可以向它提出任何问题，与其进行逼真的对话，从而快速找到自己所需要的资源。

2. 智能评测

智能评测强调通过一种自动化的方式来衡量学生的发展情况，所谓自动化就是指由机器承担一些人类负责的工作，包括体力劳动、脑力劳动或者认知工作。通过人工智能技术实现的自动测评系统，能够实时跟踪学习者的学习表现，并恰当地对他们的学习表现进行评价。

以批改网为例，它就是一个以自然语言处理技术和语料库技术为基础的在线自动评测系统。它可以分析学生的英语作文和标准语料库之间的差距，进而对学生的作文进行即时评分并提供改善性建议和内容分析结果。基于人工智能技术实现的即时评价系统，不再局限于封闭式的评价方式，而是针对学生论文/研究型写作任务，可从内容深度、逻辑结构、观点创新等维度，提供"得分、改进建议、内容分析"一体化的有效反馈与评价。

3. 教育数据挖掘与智能化分析

教育数据挖掘(Educational Data Mining)与智能化分析是指综合运用数学统计、机器学习和数据挖掘等技术和方法，对教育大数据进行处理和分析，并通过数据建模，发现学习者学习结果与学习内容、学习资源、教学行为等变量之间的相关关系，从而预测学习者未来的学习趋势。

对于学习者而言，教育数据挖掘与智能化分析能够推送有助于改进学习者学习的学习活动、学习资源、学习经验和学习任务。对于教育工作者而言，教育数据挖掘与智能化分析能够提供更多、更客观的反馈信息，使他们能够更好地调整和优化教育决策、改进教育过程、完善课程开发，并根据学习者的学习状态来组织教学内容、重构教学计划等。

4. 学习分析与学习者数字肖像

学习分析(Learning Analysis)是一类运用先进的分析方法和分析工具预测学习结果、诊断学习中发生的问题、优化学习效果的教学技术。近年来，随着人工智能技术的进步，通过智能化的数据挖掘和机器学习算法等可呈现学习者数字肖像。具体而言，基于不同类型的动态学习数据，可分析、计算每个学习者的学习心理与外在行为表现特征，刻画出立体化、可视化的学习者肖像，从而为不同学生的个性化学习以及教师改进教学提供精准服务。

例如，美国普渡大学构建的名为"课程信号"的教师教学支持与学习干预系统，就是利用学习分析的各种技术手段帮助教师了解每个学生的学习情况，不断改进教学方法，并为学习者提供及时且具有针对性的反馈。

5. 元教育

随着元教育技术的普遍应用，教育方式发生了变革，在扩展现实（Extended Reality，简称 XR，是 AR、VR、MR 等多种技术的统称）、元宇宙推动的教育想象之下，知识的呈现方式也必然发生改变。随着 XR 技术的不断发展，元教育技术在教学中将更加具备广泛适用性，这势必会开启课堂教学的新一轮交互式革命。因此，要借助 XR 来构建不同情境和深度交互的具身体验场景，利用虚拟现实呈现教育资源，给予学生具身参与的机会，充分调动学生的视觉、听觉、触觉，让学生感受不同情境下的学习内容与探究氛围，提升学生的感知与思维能力及认知效果。国内已有学者提出了基于具身认知的沉浸式教学，即在智能技术的支持下，以沉浸式理论为基础，以具身认知为驱动，提高学习质量和教学效果，促进学习者身心的整体发展。

元宇宙更是在移动互联网视觉和听觉的感官基础上，通过临场感与沉浸感、持久性、共享性三大特征，进一步将体验拓展到视觉、听觉、触觉、温度等方方面面，构建时空融合。Unity 的 Create 业务负责人马克·怀滕表示，元宇宙将成为计算平台上一场史无前例的革命，其规模将超过移动互联网革命。斯坦福大学已经率先做出了尝试，"Virtual People"是一门完全在虚拟现实中进行的课程，需要学生穿戴 VR 眼镜远程参加，学生可以自由创建属于自己的虚拟化身，并在课堂中进行虚拟会面。课程内容也围绕边体验、边学习而设计，帮助学生亲身体验以前只能通过阅读书本而获得的知识。元教育应用场景如图 4-4-1 所示。

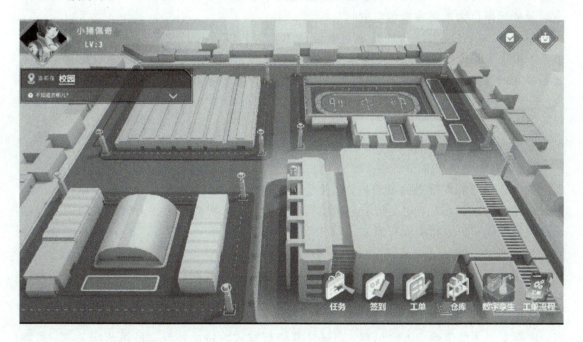

图 4-4-1　元教育

4.5　智能金融

4.5.1　智能金融概述

　　智能金融即人工智能与金融的全面融合，它以人工智能、大数据、云计算、区块链等高新科技为核心要素，全面赋能金融机构，提升金融机构的服务效率，拓展金融服务的广度和深度，使得全社会都能获得平等、高效、专业的金融服务，实现金融服务的智能化、个性化、定制化。

　　智能金融具有不受时间限制、不受空间限制、个性化服务、发掘客户的各种需求四大特点。

　　不受时间限制指的是全天候的金融服务自动化地及时响应客户的需求，减少客户等待时间，通过智能投顾和智能客服为用户提供二十四小时自动化服务，充分发掘客户潜在的消费需求。

　　不受空间限制指的是随着互联网技术的应用，智能金融突破了空间限制。这使得客户拥有了更多的消费选择机会，拓宽了金融服务边界；客户无须去固定网点，可以直接通过各银行等金融机构的掌上终端直接办理，提升了客户服务便捷性。

　　个性化服务指的是利用人工智能和大数据等新技术可以快速捕捉和积累各类数据，为满足客户多样化需求创造了条件，金融服务向个性化千人千面演进。智能金融还可以对客户进行分析，通过客户画像等手段使得企业更加了解客户自身的需求点，这可以为隐性的金融服务提供巨大的潜在价值空间。

　　发掘客户的各种需求指的是通过智能技术对客户需求进行细分，寻找客户的潜在需求、弹性需求和碎片化需求，利用客户画像等智能技术识别客户的真正需求，把合适的金融服务和产品推荐给最合适的客户，利用大数据进行精准营销，从而降低金融机构的成本。

4.5.2　智能金融技术

　　智能金融涉及人工智能、云计算、大数据和区块链四大技术。

1. 人工智能

　　人工智能是智能金融的发动机，促使金融服务趋于自动化和智能化，是一切技术能够更好落地于金融的依托，也是智能金融的核心要素。人工智能技术在金融领域的应用包括识别智能、认知智能和决策智能。

　　1）识别智能

　　识别智能通过人脸识别、声纹识别和智能客服等人工智能技术，提升客户交互服务的效率。

　　人脸识别的成熟和人们对支付便捷安全性需求的提升，使得刷脸支付出现在大众视野。刷脸支付主要依赖于人脸识别，通过计算机提取人脸特征并与支付系统相关联，最终通过比对实时采集的图像信息与数据库中事先采集的存储信息来完成认证。

　　声纹识别通过对一种或多种语言信号的特征进行分析达到对未知声音辨别的目的。声纹识别仅需麦克风就可以进行信息采集，完成身份认证，实现远程身份确认，可用于手机银行安全登录、智能语音银行、远程云柜员等服务，还可以助力金融反欺诈。

智能客服通过自然语言理解、自然语言生成及知识图谱等技术，掌握客户需求，自动推送客户特征、知识库等内容，实现资源利用最大化，缩减回答问题的时间，推动数据化管理和服务模式演进。

2）认知智能

认知智能可以根据客户的身份信息、行为数据、社会关系数据，以及收入、金融属性数据构建画像（如学历画像、职业画像、资产画像等），捕捉用户相应的信贷需求并进行信用评估。认知智能主要用于营销、投顾和风控等。

智能营销是指基于大数据、机器学习、计算框架等技术，分析消费者消费模式和特点，划分顾客群体，进行精准营销和个性化推荐。智能营销具有时效性强、精准性高、关联性强、性价比高、个性化强等特点。

智能投顾是指依据现代资产组合理论，结合个人投资者的风险偏好和理财目标，为客户提供财产管理和在线投资建议服务。智能投顾门槛低、投资广、透明度高、操作简单，更能满足投资者的需求。

智能风控是指依托大数据和人工智能技术对金融风险进行及时有效的识别、预警、防范。智能风控利用更高维度、更充分的数据降低人为偏差，减少风控成本。该技术尚处于起步阶段，有待进一步完善。

3）决策智能

决策智能融合数据科学、社会科学和管理科学等，来完成决策的自动化。决策智能通过无监督学习预测尚未发生的情况，从而优化或制定当前决策。银行使用决策智能手段改善业务流程，提高经营效率，还可以运用数据和模型进行量化投资。

2. 云计算

云计算是一种基于互联网的计算方式，它将计算机任务分布在大量计算机构成的资源池上，使各种应用系统能够根据需要获取计算能力、存储空间和信息服务。云计算可以为智能金融提供低成本的超计算能力，使技术和资源以弹性灵活的方式得到充分利用。云计算清除了人工智能应用在金融场景过程中的算力障碍，避免了大型企业服务器资源闲置浪费，降低了智能金融的服务门槛，实现普惠金融。

3. 大数据

金融产生大量需要加工处理的数据，大数据为智能金融提供基础。大数据具有大容量、多样性、快速化、价值化的特征。大数据的大容量和多样性不仅丰富了数据类型，还扩大了数据来源，更好地支持金融机构的智能获客和智能风控。大数据的快速化，比如秒级审批、实时风控服务，提升了金融业务的处理速度。大数据的价值化通过找出数据之间的关联性，发掘隐藏的价值，不断创新智能金融的产品和服务。大数据在风险控制、运营管理、销售支持和商业模式创新等领域获得了广泛应用。比如利用大数据为用户特征进行画像，发掘客户潜在的需求，或进行风险控制。支付宝运用大量用户消费数据，获得中国城市消费分布情况和趋势变化，为商家提供精准营销数据支持服务。

4. 区块链

区块链是一种去中心化的分布式共享记账技术，一切交易都是点对点的直接核算，不存在中心化的信用中介或集中式清算管理机构。交易链上所有参与方都会得到完全公开且经过加密、不可篡改的交易记录，所有记录都可通过链式结构被准确追踪。区块链可减少人工处理，提高资金流动性，使跨境支付不仅可以秒达，而且可以实时确认和监控，降低交易成本，在跨境支付领域广泛应用。

4.6　智能医疗

4.6.1　智能医疗概述

智能医疗是医疗信息化发展成熟并迈入下一阶段的产物，它通过将大数据、XR、物联网、5G、云计算、AI等新一代信息技术与医疗业务深度融合，使医疗体系逐渐开始向数字化、智能化、无人化发展。智能医疗能够改善医生行医体验与患者就医体验，还能通过远程就诊、AI诊断等技术弥补医疗资源不平衡不充足的问题，促进医疗效率的提升。

智能医疗通过打造健康档案区域医疗信息平台，利用最先进的物联网技术，实现患者与医务人员、医疗机构、医疗设备之间的互动，逐步达到信息化。随着以深度学习为核心的人工智能技术的迅猛发展，人工智能辅助诊疗迎来了巨大的发展空间，有助于指导医疗活动，提高医疗诊治效率，给医学信息智能化赋予了新的意义和内涵。

4.6.2　智能医疗的典型应用

1. 人工智能辅助诊断医学影像

医学影像可以分为成像和图像分析两个部分。在成像方面，人工智能技术的运用可有效缩短成像时间，提高成像质量；在影像分析方面，人工智能技术利用算法准确快速地从影像数据库中提取有效信息，帮助医生进行辅助诊断，使诊断结果更加客观，减少医生主观因素的影响。人工智能辅助诊断医学影像，不仅提高了诊断的准确率，还减轻了医护人员的工作压力。人工智能辅助诊断系统如图4-6-1所示。

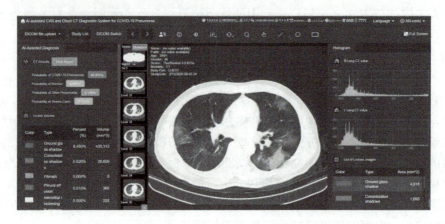

图 4-6-1　人工智能辅助诊断系统

2. 医疗机器人

医疗机器人包括外科手术机器人、智能假肢、智能导诊机器人等。医疗机器人的应用有效降低了医护人员在实施救治康复等医疗过程中的风险并减轻了压力。在新冠疫情期间，利用医疗机器人开展消毒清洁、测量体温、导医问诊、物资运送等防控工作，减少了患者与医护人员之间的直接接触，在遏制病毒传播方面发挥了重要作用。

3. 人工智能辅助药物研发

人工智能借助机器学习技术可以模拟药物研发过程，选取药物靶点和化合物，模拟动物实验和临床实验，测试药物疗效等。目前人工智能技术主要在心血管疾病药物、肿瘤药物和预防传染病药物研发中使用。在新冠疫情特效药和疫苗研发中，人工智能技术也发挥了重要作用，通过对病毒蛋白和基因组 RNA 结构进行推算，加快了新冠疫情药物和疫苗的研发进程。基于人工智能的药物研发技术有助于缩短药物研发周期，提高研发效率，节省研发成本。药物研发中常用的人工智能技术如图 4-6-2 所示。

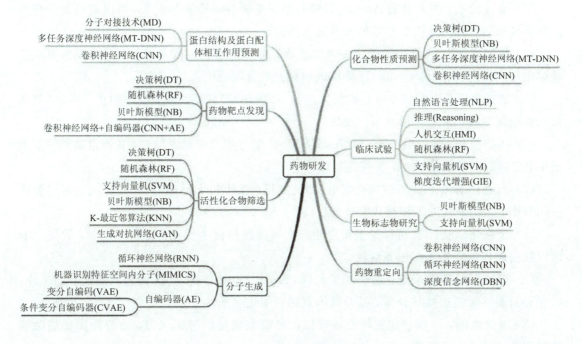

图 4-6-2　人工智能辅助药物研发

4. 健康管理与疾病预测

在健康管理方面，通过智能手机和智能可穿戴设备收集健康数据，监测用户的基本生命体征、营养摄入、疾病管理、心理健康等指标；通过对健康数据的分析，规划用户的日常锻炼、膳食分配、健康教育推送；同时监测用户潜在的疾病风险及并发症、用药依从性，实现疾病早期预警与防控，为健康管理注入新的活力。

在疾病预测方面，人工智能技术可以辅助基因测序，预测疾病潜在风险。运用人工智能技术的基因监测为肿瘤潜在发病风险预测提供了重要的信息。

4.7　其他应用领域

人工智能的应用非常广泛，前面已经介绍了人工智能在制造、农业、交通、教育、金融、医疗等方面的应用。接下来再简单介绍几种常见的应用领域。

4.7.1　智能家居

智能家居是以住宅为平台，利用人工智能、网络通信等技术集成家居设施（如智能家电、家庭服务机器人等），构建高效的家居设施与家务管理系统，提升家居的安全性、便利性、舒适性和环保性。

人工智能在智能家居中的应用日益广泛，提升了家居生活的智能化和便捷性。以下是一些主要的应用领域：

（1）语音助手：如亚马逊 Alexa、谷歌助手和苹果 Siri 等语音助手，可以通过语音命令控制智能家居设备，提供更自然的人机交互体验。

（2）智能安防：AI 驱动的摄像头和传感器能够识别潜在的安全威胁，并在发生可疑活动时向用户发送警报；某些系统还能够识别家庭成员与陌生人。

（3）智能照明：智能灯光可以根据用户的习惯和时间自动调整亮度和颜色。例如，灯光可以在晚间变得柔和，以帮助用户放松。

（4）环境控制：智能恒温器（如 Nest）使用 AI 学习用户的温度偏好，从而自动调整室内温度，提供舒适的居住环境，并提高能效。

（5）家电自动化：AI 可以优化家电（如洗衣机、烘干机和冰箱）的运行方式，通过分析使用数据，提供最佳的工作模式和节能建议。

（6）个性化体验：AI 可以根据用户的行为和偏好提供个性化的服务。例如，智能音响可以根据用户的音乐喜好推荐歌曲。

（7）智能家居管理系统：综合性平台（如 SmartThings）利用 AI 协调不同设备的工作，确保它们能够无缝连接与合作，提升整体家庭智能化水平。

（8）健康监测：一些智能家居设备可以监测家庭成员的健康状态，如智能床垫能跟踪睡眠质量，智能药箱可提醒用户按时服药。

通过这些应用，人工智能不仅增强了智能家居的便利性和安全性，还提升了生活质量。

4.7.2　智能安全

人工智能技术目前已经应用于城市公共安全领域，成为城市安全的重要技术保障。现代社会的发展使得安全问题成为城市发展过程中的重要问题，城市和人口的安全需求都在不断增强。城市的安全，尤其是智能安全的重要性则更加凸显。人工智能的应用，比如先进的人脸识别技术、生物智能分析技术、智能视觉分析技术等都将辅助城市安全部门更有效地解决各种问题。另外，人工智能在安全领域的应用还将大大降低城市安全事故。人工智能能够实现安全预警功能，比如对城市人流进行智能监测，规避人口高度聚集可能发生的危险；比如对重大的自然灾害进行监测，通过采集及分析相应数据，建立及时有效的智能报警系统，同时提出有效的预防应对机制，解决城市公共安全中可能存在的诸多隐患。

4.7.3　智能城市

智能城市指的是以信息技术为依托，对城市整个服务系统进行高度的集成、升级，在提升资源利用率的同时，全面优化城市服务管理水平，使广大城市居民的切实需求能够得到及时、有效的智能响应，由此来达到改善民生质量、打造美好城市生活的目标要求。随着大数据技术的发展，一方面能够利用大数据挖掘分析技术，辅助城市管理者对城市未来发展作出科学预测，使城市发展决策更具合理性；另一方面能够利用大数据整理分析技术，对城市建设过程中每时每刻产生的实时、海量数据信息作出快速整理、分析，辅助城市管理者针对复杂问题制定快速响应机制。图 4-7-1 为智能城市架构。

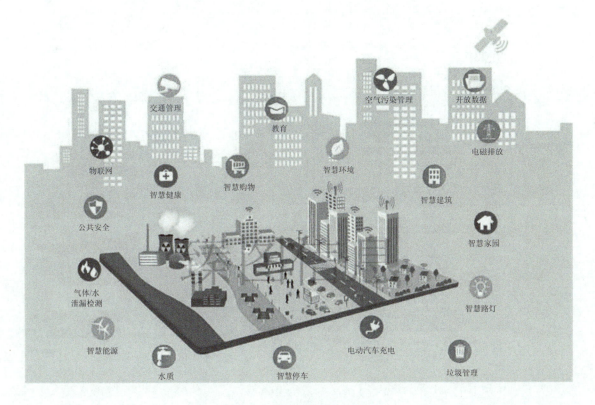

图 4-7-1　智能城市架构

人工智能应用领域

本 章 习 题

1. 人工智能主要应用在哪些领域？
2. 请列举工业机器视觉的主要应用。
3. 请解释数字孪生技术。
4. 自动驾驶技术是如何实现的？

第 5 章　人工智能前沿技术

人工智能技术被视为促进全球科技进步的前沿技术，能够推动各个领域的发展趋势。随着以大数据与深度学习为主要驱动力的人工智能研究的飞速发展，一系列人工智能算法相继提出，越来越多的智能应用开始在生产和社会生活中扮演重要角色。脑科学、神经科学等学科与人工智能学科的交叉研究也涌现出诸多成果，引领了脑智交叉方向的新潮流。此外，群体智能、混合智能等人工智能前沿理论也相继被提出。

5.1　类脑智能

当前人工智能以模型学习驱动的数据智能为主流发展方向，但数据智能存在自适应力弱、计算量大、推理能力不足等问题。相比之下，类脑智能不再依赖数学优化，主要利用可塑性进行训练，可处理小数据、小标注问题，功耗低，认知推理能力强，更符合大脑认知规律，能面向更高级的认知任务，如抽象与归纳、推理与决策、知识与常识等。

5.1.1　类脑智能概述

类脑智能是受大脑神经运行机制和认知行为机制启发，以计算建模为手段，通过软硬件协同实现的机器智能。近年来，针对类脑智能的脑科学研究正从传统的认识脑、了解脑向增强脑、影响脑的过程发展，完成从"读脑"到"控脑"的转换。

类脑智能的发展可从以下三个层面理解：在结构层面上，基于科学实验，研究大脑各类神经元、神经突触等基本单元的功能及连接关系；在器件层面上，研制模拟神经元和神经突触功能的微纳光电器件，如神经形态芯片、类脑计算机，构造出接近人脑规模的神经网络系统；在功能层面上，对类脑计算机进行训练，使其产生智能甚至涌现自主意识，实现智能培育和进化，如实现学习、记忆、推理、决策等高智能。

现阶段类脑智能的研究发展依然缓慢，主要原因有以下三点。一是脑机理认知尚不清楚。当前人类对大脑的认识还不足 5%，尚无完整的脑谱图可参考。二是类脑计算模型和算法尚不成熟。神经元连接的多样性、变化性使前馈、反馈等神经控制模型建模不精确，脑功能分区与多脑区协同算法不准确。三是类脑计算系统采用非冯·诺依曼架构，计算与存储统合，表现出高密度、低功耗，颠覆了现有的冯·诺依曼架构在计算能力、规模方面的制约，代价较大，进展缓慢。

部分发达国家积极布局类脑智能研发。2008 年，日本提出"脑科学战略研究项目"，重点开展脑计算机研发，构建神经信息理论；2013 年，美国启动"BRAIN 计划"，重点研究大脑结构图、脑机接口等技术；欧盟也于 2013 年提出"人脑计划（HBP）"，开展人脑模拟、神经机器人研究等；2016 年，韩国发布《脑科学研究战略》，重点开展人工神经网络、大脑仿真计算机等领域的研发。

企业争相布局类脑智能。IBM 率先推出 Watson 系统和 TrueNorth 类脑芯片，打造类脑智能生态系统；谷歌结合医学、生物学积极布局人工智能，打造"谷歌大脑"；微软提出具有可解释性的新型类脑系统——意识网络架构。

我国也积极统筹加速布局类脑智能。2006 年，《国家中长期科学和技术发展规划纲要（2006—2020）》中就把"脑科学与认知科学"列为基础研究中的 8 个科学前沿问题之一。2016 年，《"十三五"国家科技创新规划》将"脑科学与类脑研究"列入科技创新 2030 重大项目。2017 年国务院《新一代人工智能发展规划》提出了到 2030 年在类脑智能领域取得重大突破的发展目标。此外，我国于 2017 年、2018 年分别成立了类脑智能技术及应用国家工程实验室、北京脑科学与类脑研究中心，形成了"南脑北脑"共同快速发展的格局。

5.1.2 类脑智能技术

类脑智能技术（Brain-inspired Intelligence Technology），是一种借鉴人类大脑结构和认知机制的技术，通过模仿大脑的神经网络结构、信息处理方式和学习机制，来开发和改进人工智能（AI）系统。它是神经科学、认知科学和计算机科学等领域交叉的前沿研究方向，试图让机器在处理信息、解决问题和自适应学习方面更加接近人类智能。类脑智能技术的关键特点和发展方向包括以下几个方面：

（1）类脑计算架构：类脑计算架构借鉴了大脑的神经网络拓扑结构，使得 AI 系统能够高效地处理并行计算任务。常见的类脑计算模型包括卷积神经网络（CNN）、递归神经网络（RNN）、图神经网络（GNN）等，均模拟了生物神经元的特性，尤其是在大规模数据处理和图像识别中表现出色。

（2）脉冲神经网络（SNN）：脉冲神经网络是一种模仿神经元脉冲发射行为的模型，与传统的人工神经网络不同，SNN 利用时间和空间信息来处理信号，被认为更接近人脑的工作方式。它的优点包括更高的能效和更少的计算成本，适合应用在低功耗设备上，如边缘计算和物联网。

（3）记忆与学习机制：类脑智能的一个重要特性是引入了"记忆"机制，不仅可以进行短期学习，还可以进行长期记忆并更新知识库。这方面的研究包括强化学习、元学习和自我监督学习等，使得 AI 系统能够在不断变化的环境中自适应，具备更强的通用性。

（4）情感计算与情绪理解：情感计算是类脑智能技术的一个子领域，旨在使 AI 系统能够识别、理解和响应人类的情绪。这一技术被应用在客户服务、教育、心理健康监测等领域，有助于提高 AI 的互动性和人机沟通的情感维度。

（5）类脑芯片与硬件支持：类脑智能的实现需要特定的硬件支持，比如类脑芯片（Neuromorphic Chip）。这类芯片专为神经网络运算而设计，能够更高效地进行并行计算。IBM 的 TrueNorth 和 Intel 的 Loihi 是此类芯片的典型代表。

类脑智能技术正推动着人工智能迈向更具自适应性、灵活性和通用性的智能系统，有望成为下一代智能技术的重要基础。但类脑技术的发展面临着如何建立高效的学习算法、如何处理海量数据以及如何实现类脑芯片的大规模应用等问题。此外，类脑智能还涉及伦理和隐私问题，需要在技术开发的同时，考虑如何安全和负责任地应用该技术。

5.1.3　类脑智能的应用

类脑智能是人工智能实现由"弱"到"强"的跨越式发展的重要突破口，已成为全球科技和产业创新的前沿阵地。目前，国际上类脑智能的应用热点聚焦在脑机接口（Brain Computer Interface，BCI）、类脑芯片、类脑智能机器人等领域。

1. 脑机接口

脑机接口是一种连接大脑和外部设备的实时通信系统。该系统在人或动物脑（或者脑细胞的培养物）与外部设备间建立直接连接通路，使计算机根据大脑神经活动获知人的行为意向，并且通过神经解码，将大脑的神经信号转化为对外部设备的控制信号。根据信号采集方式的不同，脑机接口分为非侵入式和侵入式。

非侵入式脑机接口只需通过附着在头皮上的穿戴设备对大脑信息进行记录和解读，无须侵入大脑，对人体创伤小，采集方法简单，成本低。非入侵式脑机接口包括脑磁图（Magnetoencephalography，MEG）、功能磁共振成像（Functional Magnetic Resonance Imaging，fMRI）和脑电图（Electroencephalogram，EEG）。

侵入式脑机接口通过手术等方式将电极植入大脑皮层，直接记录神经元水平的电信号，主要应用于对特殊感觉的重建以及瘫痪患者运动功能的恢复。皮层脑电图（Electrocorticography，ECoG）是一种典型的部分侵入式脑机接口技术。该技术将信号采集电极植入大脑皮层硬脑膜下（但位于脑灰质外）的区域，可获取更高空间分辨率（约 1cm）和时间分辨率（5ms）的信息，用于研究大脑皮层的认知功能。

近年来，脑机接口技术研发成果涌现。美国加州大学旧金山分校的研究人员利用人工智能算法将脑电信号转译成英文句子，准确率达到 97%，远超 2019 年 Facebook 开发的同类产品。卡内基梅隆大学的研究人员提出并验证使用脑电图的无创框架，实现对机器人设备进行连续随机目标跟踪的神经控制，可以用人的意念控制机器臂连续、快速运动。麻省理工学院的研究人员创建的人工神经网络在实验室成功实现对猴子大脑皮层的神经活动的控制。杜克大学、西北大学和纽约大学的科研团队利用厚度不到 $1\ \mu m$ 的二氧化硅电极层，组成 1008 个电极传感器的"神经矩阵"，形成柔性神经接口，植入大脑皮层上，实现机器与人脑长期、直接的交互，设备可在动物体内有效留存好几年。中国科学院上海微系统与信息技术研究所和复旦大学附属华山医院合作开发出基于天然蚕丝蛋白的新型颅骨固定系统（包括蚕丝蛋白骨钉和连接片），并在为期 12 个月的临床前犬类动物试验中显示出良好的颅骨固定和再连接作用，与磁共振成像兼容良好，对大剂量放射治疗耐受，在神经外科临床实践中有广泛的应用前景。

2. 类脑芯片

科学家模仿人脑，创造出了一个含有人工神经元网络的芯片，这就是类脑芯片。类脑芯片颠覆了传统的冯·诺依曼架构，侧重于参照人脑神经元结构和人脑感知认知方式来设计芯片架构。类脑芯片在光线中工作，并能够模仿人脑神经元与突触的行为。已经证明，这种模拟光学神经突触行为的智能网络能够学习信息，可作为计算和模式识别的基础。

类脑芯片可以应用在许多领域，例如边缘计算与物联网、机器人和自动驾驶、医疗健康监测和神经科学研究等。由于该芯片通过光线工作而不是通过传统的电子线路工作，所以它处理数据的速度比电子传输的方式快许多倍，具有超省功耗、超弱延时的优点。

类脑芯片关键技术主要包括算法模型和硬件平台技术两大类。

类脑芯片算法模型主要涉及人工神经网络、脉冲神经网络等。其中，人工神经网络受到脑网络启发，通过连接大量具有相同计算功能的神经元节点，形成神经网络，实现对输入输出模式的拟合近似。人工神经网络从输入到输出呈现层级结构，当层数较多时则被称为深度神经网络。人工神经网络本质上是存储和计算并行的。类脑芯片所采用的脉冲神经网络，则更严格地模拟大脑的信息处理机制。它与人工神经网络主要有两大不同，一是采用脉冲编码(0/1)，二是具有丰富的时间动力学特性。

类脑芯片硬件平台技术主要涉及深度神经网络专用处理器和神经芯片。深度神经网络专用处理器充分考虑大量参数存储访问带来的面积、速度和能耗瓶颈，在理论算法层面对网络模型简化和压缩，设计轻量化网络以降低所需要的计算和存储资源，实现运行速度的提高和能耗的降低。

在类脑芯片开发方面，欧盟 HBP 开发了 SpiNNaker 和 BrainScaleS 两个神经形态计算机，并设计出下一代类脑芯片原型。多核 SpiNNaker 机器将 100 万个先进精简指令微处理器(Advanced RISC Machine，ARM)与基于分组的网络相连接，借鉴神经元动作电位原理进行了优化；BrainScaleS 物理模型机在 20 个硅片上实现了 400 万个神经元和 10 亿个突触的模拟。马萨诸塞大学阿默斯特分校的研究人员利用蛋白质纳米线作为生物导线，制造神经拟态忆阻器，该忆阻器能像大脑突触一样，在神经拟态的电压水平实现信号传递与权重调节。DeepMind 和哈佛大学的研究人员利用经过训练的神经网络构建了基于 AI 的虚拟小鼠，该鼠能执行跑、跳、觅食、击球等多项复杂任务。清华大学类脑计算研究中心研发的新型人工智能芯片"天机芯(Tianjic)"，是世界首款异构融合类脑芯片；清华大学微电子所、未来芯片技术高精尖创新中心成功研发出一款基于多阵列的忆阻器存算一体系统，该系统集成了 8 个包含 2048 个忆阻器的阵列，在运行卷积神经网络算法时，其能效比目前较先进的图形处理器芯片高 100 倍，该成果获得 2020 世界人工智能大会 SAIL 奖。浙江大学开发了脉冲神经网络类脑芯片"达尔文 2"，以及针对该芯片的工具链、微操作系统。

3. 类脑智能机器人

当前，绝大部分机器人尚不具有人类大脑的多模态感知及自主决策能力。在运动机制方面，目前智能机器人不具备人类的外周神经系统，其灵活性和自适应性与人类运动机制相比仍有较大差距。结合脑科学研究成果，从机理、结构的角度模仿人，开发类脑智能机器人，有望为机器人研究与应用带来新突破。

麻省理工学院人工智能实验室采用增强学习让人与机器人在未知环境自由协作，让机器人在与人自动交互配合的过程中不断学到新的知识，共同决策完成既定任务。

类脑智能机器人离不开机器人的仿生控制。根据驱动对象的不同，仿生控制可以分为生物类和机械类。生物类仿生控制利用动物活体细胞来充当驱动器。麻省理工学院研制的鱼形仿生机器人就是由活体肌肉驱动的。机械类仿生控制采用机械结构作为仿肌肉驱动器。波士顿动力公司研制的 Atlas 类人机器人可以以左右腿交替方式连跳三级台阶；瑞士苏黎世大学搭建了拥有"肌腱"和"骨头"的机器人平台 ECCE Robot，如图 5 - 1 - 1 所示。

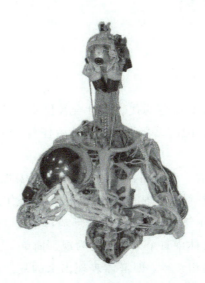

图 5 - 1 - 1　机器人平台 ECCE Robot

　　理解大脑的结构与功能是极具挑战性的前沿科学之一。如果想真正达到接近乃至超越人类水平的人工智能，就需要对脑信息处理机制进行更为深入的研究和借鉴。展望未来，类脑芯片将使人类进一步受脑与神经科学、认知脑计算模型等影响，通过探索超低功耗材料，更好地构建更为复杂的类脑计算体系结构；脑机接口设计开发需要在多通道、低功耗的无线脑电植入设备等领域实现进一步突破；类脑智能机器人不但要在机理上接近人类，更要在与人及环境自主交互的基础上实现智能水平的不断提升，以类脑方式实现对外界的感知及自身控制一体化，真正具备高度协同、多模态感知、类人思维、自主学习与决策能力等特征。

5.1.4　类脑智能的未来发展

　　类脑智能未来的应用重点是进行计算机更加擅长的信息处理任务，如多模态感知信息（视觉、听觉、触觉等）处理、语言理解、知识推理、类人机器人与人机协同等。类脑智能系统将与数据中心、智能终端、汽车、飞行器、机器人等深度融合，服务于教育、医疗、国防等领域，提供基于知识的服务与决策。

　　虽然类脑智能研究已取得了阶段性进展，但在多模态协同感知、复杂环境自适应能力，以及对新事物、新环境的自主学习、自主决策能力等方面还不具备人类水平。人工智能研究离真正实现信息处理机制类脑、认知能力全面类人的智能系统还有很长的路要走。只有通过人工智能、计算机科学、脑与神经科学、认知科学等不同学科之间的深度实质性融合交叉以及相互借鉴与启发，才有希望突破机器智能发展的瓶颈，实现具有通用认知能力和自主学习能力的智能机器。脑与神经科学、认知科学的研究进展将为揭示人类智能本质提供更多线索，为实现类脑智能提供更深层次的启发。受脑启发构建的类脑智能系统将真正实现在信息处理机制上类脑、认知行为上类人，达到并最终超越人类智能水平。

5.2　群体智能

5.2.1　群体智能概述

群体智能源于对以蚂蚁、蜜蜂等为代表的社会性昆虫群体行为的研究，指由众多简单个体组成的群体通过相互之间的简单合作来完成某一任务，在此过程中所体现出来的基于群体的宏观智能行为。

群体智能的特点主要包括 4 个方面：首先，群体智能表现为分布式控制，不存在控制中心，不会由于某一个或几个个体出现故障而影响整个问题的求解；其次，群体智能具有"共识主动性"，即群体中的每个个体都能够改变环境，并可以通过非直接通信的方式进行信息的传输与合作；再次，群体中每个个体的行为规则简单，从而使群体智能具有简单性，方便实现；最后，群体具有自组织性，即群体表现出来的复杂行为都是通过简单个体的交互过程实现的。

群体智能作为新兴领域，已成为人工智能以及经济、社会、生物等交叉学科的研究热点和前沿领域。5G 时代所带来的万物互联，为群体智能的应用和创新提供了丰富的场景，将会进一步促进人、机、物的深度融合，进一步推动群体智能理论和技术的持续发展。

5.2.2　群体智能算法

群体智能算法初始化一个种群的个体（即解）并通过数次迭代（即世代）更新这些个体，直到满足某个停止标准。其更新方法分为两类：一类更新方法受达尔文进化论启发，如遗传算法（Genetic Algorithm，GA）、进化规划（Evolutionary Programming，EP）和差分进化（Differential Evolution，DE）方法等；另一类更新方法通过观察到的某些生物行为（如狼群捕食、鸟类迁徙、蚁群运动、萤火虫聚集等）而形成，如粒子群优化（Particle Swarm Optimization，PSO）、蚁群优化（Ant Colony Optimization，ACO）、灰狼优化（Grey Wolf Optimizer，GWO）、萤火虫算法（Firefly Algorithm，FA）和花授粉算法（Flower Pollination Algorithm，FPA）等。种群通过无监督学习机制，学习种群中不同个体的经验，并借助个体间的复杂交互来处理群体动作，从而使群体更高效地完成工作。群体智能算法通常用于处理使用数学或传统方法无法解决的复杂优化问题，如问题本身解维度较大，形成"组合爆炸现象"，或者是问题具有不确定性、不连续性和不可微分性等，通常需要降低问题的复杂性。

5.2.3　群体智能的应用

1. 无人机网络优化

在无人机相关领域中，群体智能算法往往被用来优化无人机的相关参数，如无人机的位置、发射功率、无人机是否开始发送数据的二进制变量等。图 5-2-1 展示了当解为无人机集群的位置坐标时，对应的群体智能算法的搜索过程，其目标函数可以根据所构建的问题来确定。随着目标函数值不断向全局最优方向推进，无人机可以找到优于初始解的历史最优解。

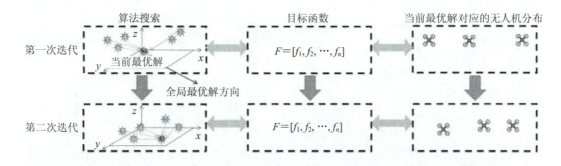

图 5-2-1　群体智能算法解无人机优化问题的例子

2. 群体机器人

桌面微型移动机器人 ROBO-MAS[①] 是群体机器人的典型应用之一，它借助多智能体自主协同实验平台，可以在有限的空间内进行大量智能机器人的群体协作。其群体智能决策软件系统可用于多机器人群体行为决策的仿真、机器人路径规划、机器人状态显示等，实现多个微型移动机器人间的通信管理和信息交互。在这一系统的统一运作下，多个微型机器人交互协作，可共同实现机器人整体在自主感知、自主动态决策与路径规划等方面的智能行为。

3. 集群机器人

所谓集群机器人（Swarm Robotics）或者人工蜂群智能（Artificial Swarm Intelligence），就是让许多简单的物理机器人协作。就像昆虫群体一样，机器人会根据集群行为行动，它们会在环境中导航，与其他机器人沟通。与分散机器人系统不同，集群机器人技术强调使用大量机器人并提高其可扩展性，从而构成一个灵活的系统。

群体智能具有协同决策、分类预测、自动化筛选等突出优点，其潜在应用很多，如纳米级、微米级机器人执行微型机械或人体中分布式传感任务，多尺寸机器人开展灾难救援、采矿、农业采掘等任务。

目前大多数群体机器人集中在规模相对小的集群机体上。哈佛大学开发的微型集群机器人 Kilobot 由 1024 个机器人组成，是迄今为止规模最大的机器人群体。

集群飞行器（见图 5-2-2）也是群体智能技术的研究热点。与传统的精密运动捕捉系统相比，集群飞行器系统使用全球导航卫星系统（Global Navigation Satellite System，GNSS）控制数百台微型飞机集群，协同无人驾驶地面和空中飞行器集群，完成协同环境监测、即时定位与制图、车队保护、运动目标定位以及跟踪等任务。

---

① ROBO-MAS 上群体智能的具体体现主要在于群体智能决策软件系统。

图 5 - 2 - 2　集群飞行器

5.3　混合智能

5.3.1　混合智能概述

　　机器智能在搜索、计算、存储、优化等方面具有人类智能无法比拟的优势，然而在感知、推理、归纳和学习等方面尚无法与人类智能相匹敌。鉴于机器智能与人类智能的互补性，可通过将机器智能和人类智能相结合来实现复杂目标，并通过相互学习来不断提高，融合各自所长，创造出性能更强的智能形态。也就是说，混合智能（Cyborg Intelligence，CI）是以生物智能和机器智能的深度融合为目标，通过相互连接通道，建立兼具生物（人类）智能体的环境感知、记忆、推理、学习能力和机器智能体的信息整合、搜索、计算能力的新型智能系统。

　　混合智能将人类和人工智能结合起来，这背后的基本原理是互补的异质智能（即人类和人工智能）的结合，以创建能够克服当前（人工）智能局限性的社会技术集成。这种方法的重点在于通过在不同的异质算法和人类代理之间有意地分配任务来解决复杂的问题。人类和这些系统的人工智能体都可以通过学习来共同进化，并在系统层面上取得更好的结果。

5.3.2　混合智能的应用

　　人机混合智能是一种颠覆性的人工智能技术。它通过实现人机融合与协作，提高了人与系统的综合性能，使人工智能与人类智能相结合，从而使当前的人工智能技术具有解决更复杂问题的能力。目前，人机混合智能技术的应用主要体现在脑机接口、医疗康复、智能交通等领域，具有良好的研究成果与发展前景。

1. 脑机接口

脑机接口是将人类大脑和计算机系统连接起来的接口器件。脑机接口可以将在计算机中实现的功能转移到人类大脑中。

由于脑机接口能够跨越常规大脑信息输出通路，因此在医疗领域具有广泛应用。脑机接口可以用于精神疾病与慢性意识障碍诊疗等。相比于其他生理信号，脑电信号可以提供更多深入、真实的情感信息。利用脑机接口获取脑电信号，有助于对阿尔茨海默病患者进行早期诊断；基于脑机接口的神经反馈训练可在自闭症、多动症、抑郁症治疗中发挥积极作用；具有脑刺激器作用的脑芯片，可应用于帕金森病的靶点刺激治疗。此外，脑机接口在医疗康复领域也有广泛应用，将受试者健康状况与脑机接口相连接，通过外部控制设备获取患者行为信息，有助于对受试者的康复理疗。

2. 医疗康复

1）手术机器人

手术机器人作为一种辅助外科医生进行手术的智能机械设备，是医疗康复机器人的重要组成部分，并逐渐开创了一种全新的手术模式。生物智能与机器智能的结合，实现了人与机器的优势互补，使人与机器能够精准、自然地协同合作，从而确保整个手术的操作过程更加稳定、精准，保证外科手术顺利进行。

2）康复外骨骼机器人

康复外骨骼机器人主要应用于下肢偏瘫或截瘫患者的康复训练。相较于传统的康复设备，康复外骨骼拥有更加全面的康复效果。现阶段国内康复外骨骼机器人研究机构的主要研究方向是：通过实时监测采集受试者的脑电波，并结合信号处理、机器学习、模式识别等技术来判断受试者的运动意图；或采集肌肉发出的电信号，通过与脑电波相似的信号处理方法对外骨骼机器人进行操纵。

3）智能假肢

智能假肢是一类利用多种传感技术，根据佩戴者意图执行动作的假肢。智能假肢弥补了传统假肢协调性差、功能局限性大的缺陷。智能假肢通过肌电传感器获取佩戴者的肌电信号，并基于人机协同控制算法迅速作出相应动作。将假肢传感器的信号传递给佩戴者进行协同控制以提高假肢控制的稳定性和精度，是目前智能假肢领域的主要研究课题。

3. 交通领域

1）基于人机混合智能的地铁列车智能驾驶系统

列车具有复杂的运行环境，这使得单纯的人工智能以及大数据、云计算等技术无法完全保障系统的运行安全。人机协同的混合智能系统通过将列车运行状态的安全监控与人工智能技术相结合，极大程度地保证了列车运行过程中的安全性和条理性。

2）人机共驾

近年来自动驾驶已经成为汽车工业、自动化等领域的研究方向。目标是由机器完全取代人在驾驶场景中的角色，从而实现无人驾驶。现阶段自动驾驶技术仍不够成熟，无人驾驶技术在相当一段时间内还无法实现。因此，相对成熟的人机共驾技术是当前所有驾驶团队面临的重要课题。

5.3.3 混合智能未来发展

随着信息技术、神经科学、材料科学等领域的快速发展，计算嵌入生物体并与其无缝融合将成为未来计算技术的重要发展趋势。在此背景下，混合智能通过探索生物智能与人工智能的协作与融合，有望开拓一种全新的智能形态，具体理论、技术都亟待进一步研究与探索。

人机混合智能不同于人类智能和传统的人工智能，是一种跨物种、多模态融合的智能体系。它开创了一种新型智能形态，也带来了深刻而严峻的现实隐忧。在享受这类技术所带来的实际效益的同时，应当保持审慎、清醒的态度面对潜在的威胁。

人工智能前沿技术

本 章 习 题

1. 类脑智能发展的目标是什么？
2. 现有的脑机接口技术如何分类？
3. 群体智能常用的算法有哪些？
4. 群体智能的特点是什么？
5. 混合智能是如何实现的？

选修篇

人工智能拓展延伸

第6章 人工智能开发框架与开放平台

人工智能(AI)开发框架与开放平台作为人工智能开发环节中的基础工具，对下调用硬件资源，对上支撑 AI 应用生态，是 AI 技术体系的核心。同时，它作为应对智能经济时代的技术利器，是 AI 学术创新与产业商业化的重要载体，助力人工智能由理论走向实践。

6.1 人工智能开发框架

人工智能的实现离不开机器学习和深度学习，而 AI 开发框架则是助力机器学习和深度学习的工具。AI 开发框架不仅为开发者提供了灵活的编程模型和编程接口，还提供了直观的模型建构方式和基于神经网络模型的数学操作，将复杂的数学表达式转换成计算机可识别的计算图。同时，AI 开发框架具备高效和可扩展的计算能力，支持框架用户直接通过加速机制，在不学习新 API(Application Programming Interface，应用程序接口)或低级基础库的前提下，获得性能提升与工作效率优化，助力用户高效开展开发工作。AI 开发框架不仅可以完成 AI 算法的工程实现，也可以提高人工智能学习效率、强化 AI 算法模型性能，有力支持智能应用快速落地。下面介绍几个常用的开发框架。

6.1.1 TensorFlow 框架

1. TensorFlow 概述

TensorFlow 是由 Google 机器智能研究组织 Google Brain(谷歌大脑)的研究人员和工程师开发、维护的深度学习框架。它基于 Python 开发，是一个基于数据流编程(Dataflow Programming)的符号数学系统，被广泛应用于各类机器学习(Machine Learning)[①]算法的编程实现，它专为现代深度神经网络的灵活实现和可扩展性而设计。

TensorFlow 这个词由 Tensor 和 Flow 两个词组成，它们是 TensorFlow 最基础的要素。Tensor 代表张量(也就是数据)，它的表现形式是一个多维数组；Flow 意味着流动，代表着计算与映射，它用于定义操作中的数据流。其官网(https://tensorflow.google.cn/)提供了 TensorFlow 的官方学习文档以及最新版本的下载方式。

TensorFlow 拥有包括 TensorFlow Hub(包含经过训练的机器学习模型的代码库)、TensorFlow Lite(用于设备端推断的开源深度学习框架)、TensorFlow Research Cloud 在内的多个项目以及各类 API。自 2015 年 11 月 9 日起，TensorFlow 依据阿帕奇授权协议

---

① 机器学习是一门多领域交叉学科，涉及概率论、统计学、逼近论、凸分析、算法复杂度理论等多门学科。机器学习专门研究计算机怎样模拟或实现人类的学习行为，以获取新的知识或技能，重新组织已有的知识结构使之不断改善自身的性能。

（即 Apache License，是一种软件开源协议）开放源代码。

TensorFlow 拥有多层级结构，可部署于各类服务器、PC 终端和网页，并支持图形处理单元（GPU）和张量处理单元（TPU）高性能数值计算，被广泛应用于谷歌内部的产品开发和各领域的科学研究。

2. 语言与系统支持

TensorFlow 支持多种客户端语言下的安装和运行。截至 TensorFlow 2.10，绑定完成并支持版本兼容运行的语言为 Python 和 C 语言，其他绑定完成的语言为 JavaScript、C++、Java、Go（开源的编程语言）和 Swift（苹果独立发布的支持型开发语言），依然处于开发阶段的语言包括 C♯、Haskell（标准化的通用纯函数式编程语言）、Julia（面向科学计算的高性能动态高级程序设计语言）、Ruby（一种纯粹的面向对象编程语言）、Rust（系统级编程语言）和 Scala（多范式的编程语言）。

1）Python

TensorFlow 提供 Python 语言下的 4 个不同版本：CPU 版（tensorflow）、GPU 版（tensorflow-gpu），以及每日编译 CPU 版（tf-nightly）、GPU 加速版（tf-nightly-gpu）。

TensorFlow 的 Python 版本支持多种操作系统，包括 Ubuntu（一种适用于企业服务器、桌面电脑、云、物联网的现代化开源 Linux 操作系统）、Windows 7、macOS、Raspbian 9.0（树莓派的操作系统）及对应的更高版本。其中，macOS 版不包含 GPU 加速功能。可以使用模块管理工具 pip/pip3 或 Anaconda 安装 Python 版 TensorFlow，并在终端直接运行相关命令。

2）C 语言

TensorFlow 提供 C 语言下的 API，该 API 可用于构建其他语言的 API。Tensor Flow 的 C 语言版本支持 x86-64 架构下的 Linux 类系统和 macOS 10.12.6 Sierra 或其更高版本，macOS 版不包含 GPU 加速功能。

3. TensorFlow 的特点

TensorFlow 的特点如下：

（1）易用性：TensorFlow 工作流易于理解，API 具有高度一致性，构建不同模型时，无须重新学习一套全新的知识体系。

（2）灵活性：TensorFlow 可以运行在 CPU 或 GPU 上，也可以同时在两者上运行。TensorFlow 的相同代码和模型可以运行在各种不同的机器上，如超算、嵌入式系统。

（3）文档丰富、友好：TensorFlow 的官方文档对所有函数与所有参数都进行了详细的阐述。

（4）算法完善：TensorFlow 中内嵌了机器学习中能用到的绝大部分算法。

（5）高阶、简洁又简单的 API，可以让初学者更快地入门。

TensorFlow

6.1.2 CNTK 框架

1. CNTK 概述

CNTK(Microsoft Cognitive Toolkit)是微软公司开发的一个开源机器学习框架。根据微软公司官网(https：//github.com/Microsoft/CNTK)的介绍，CNTK 同时支持 CPU、GPU 模式，即便电脑没有 GPU，也可以直接用 CPU 运行，但 CNTK 的 GPU 模式只支持英伟达的 GPU。CNTK 内部集成了很多经典的算法供用户使用，用户也可以根据项目需求去编写具体的算法。

CNTK 是微软开源的深度学习工具包，它通过有向图将神经网络描述为一系列计算步骤。在有向图中，叶节点表示输入值或网络参数，其他节点则对应叶节点输入参与的矩阵运算过程，用于描述神经网络计算中，输入数据经矩阵变换(如加权求和、卷积等)的操作逻辑。CNTK 允许用户非常轻松地构建和组合流行的模型，包括前馈 DNN、卷积网络(CNN)和循环网络(RNN / LSTM)。CNTK 与目前大部分框架一样，实现了自动求导[①]，利用随机梯度下降方法进行优化。

CNTK 的开发者认为，CNTK 的性能比 Caffe、Theano[②]、TensorFlow 等主流的 AI 开发框架都要强，这是因为 CNTK 可借助个人计算机上的一个甚至是超算上的多个 GPU 的计算能力实现高速运算。CNTK 的开发者将 CNTK 与微软公司的网络化 GPU 系统(该系统允许 CNTK 同时使用多个服务器)进行匹配之后，CNTK 能够训练深度神经网络来识别语音，让 Cortana(中文名为小娜，是微软发布的全球第一款个人智能助理)的速度达到以前的十倍。再者，CNTK 内部提供了很多先进算法来提高准确度，所以其预测精度很好。

2. 语言与系统支持

CNTK 开始时主要使用 C++ 作为编程语言，CNTK 的所有 API 均基于 C++设计，运行速度快，兼容性好。

CNTK 2.0 版本之后增加了对 C♯和 Python 编程语言的支持，现在 CNTK 提供了基于 C++、C♯和 Python 的接口，非常方便应用。

3. CNTK 的特点

CNTK 的特点如下：

(1) 速度快：CNTK 可借助多个 GPU 的算力实现高速运算。GPU 版本的 CNTK 可使用高度优化的 NVIDIA 库(例如 CUB 和 cuDNN)，并支持跨多个 GPU 和多台计算机进行分布式训练。GPU 内部版本还包括 MSR 开发的 1 位量子化软件开发工具包(SDK)和块动量 SDK，支持并行训练算法，从而在 CNTK 中实现快速的分布式训练。

---

① 自动求导又被称为算法求导(Algorithmic Differentiation)或计算求导(Computational Differentiation)，是一种使用数值方法对某个函数，通过编程的方式进行求导的技术。利用自动求导可以求任意阶的导数，求导过程是自动的，并且能够保证足够的精度，以及较小的时间复杂度。

② Theano 诞生于蒙特利尔大学，其派生出了大量的深度学习 Python 软件包，最著名的包括 Blocks 和 Keras。

（2）训练简单、使用方便：内置大量成熟、经典的算法，可供用户快速使用。

（3）支持多种神经网络模型：具有训练和测试多种神经网络的通用解决方案。

（4）其他特点：CNTK 不仅支持 CPU 模型和 GPU 模型，还支持 CUDA 编程；可自动计算所需的导数，网络是由许多简单的元素组成的；尽可能无缝地把很多计算放在一个 GPU 上进行，同时支持 GPU 扩展。

CNTK

据微软官方网站的介绍，CNTK 比其他开源框架的性能更好，性能对比如图 6－1－1 所示。

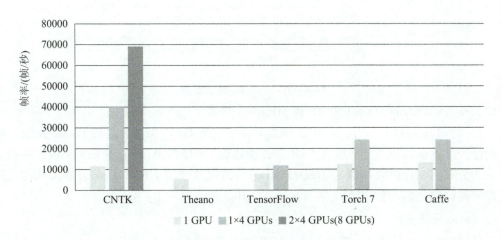

图 6－1－1　开源框架性能对比图

6.1.3　Caffe 框架

1. Caffe 概述

Caffe(Convolutional Architecture for Fast Feature Embedding)是一个以表达性、速度和思维模块化为核心的深度学习框架，是贾扬清（1982 年出生于浙江绍兴，本科和研究生阶段就读于清华大学自动化专业，后赴美国加州大学伯克利分校攻读计算机科学博士）在加州大学伯克利分校攻读博士期间创建的项目。Caffe 的官方网址为 https://caffe.berkeleyvision.org/，其官网截图如图 6－1－2 所示。

Caffe 在伯克利软件套件（Berkeley Software Distribution，BSD）[①]许可下开源，项目托管于 GitHub（面向开源及私有软件项目的托管平台），拥有众多贡献者。

Caffe 支持多种类型的深度学习架构，适用于图像分类和图像分割任务，同时还支持 CNN、RCNN、LSTM 和全连接神经网络的设计。Caffe 支持基于 GPU 和 CPU 的加速计算

---

① 　BSD 是 Unix 的衍生系统，由加州大学伯克利分校开创。BSD 用来代表由此派生出的各种套件集合。

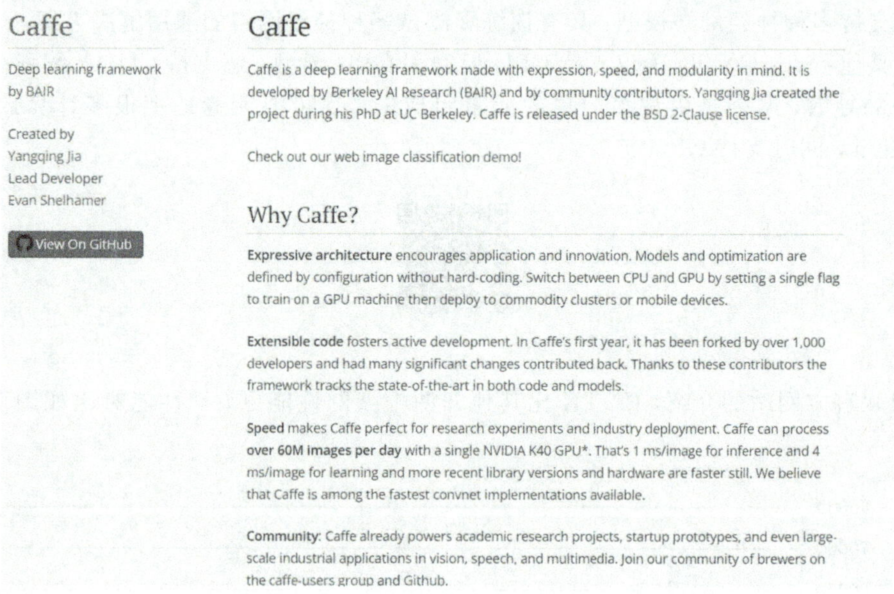

图 6 - 1 - 2　Caffe 官网截图

内核库，如 NVIDIA cuDNN① 和 Intel MKL②。

Caffe 的前身为 Decaf，只是 CPU 版本，并不支持 GPU 加速。之后 Decaf 被加州大学伯克利分校某团队加以改进，形成 Caffe。雅虎还将 Caffe 与 Apache Spark 集成在一起，创建了一个分布式深度学习框架 CaffeOnSpark③。2017 年 4 月，Facebook 发布 Caffe2，加入了递归神经网络等新功能。2018 年 3 月底，Caffe2 正式并入 PyTorch。

2. Caffe 语言支持

Caffe 使用 C++编写，采用 C++/CUDA 架构（CUDA 即 Compute Unified Device Architecture，是 NVIDIA 推出的运算平台），支持命令行，带有 Python 和 Matlab 接口，被微软、雅虎、英伟达、Adobe 等公司广泛采用。

3. Caffe 的特点

Caffe 的特点如下：

（1）容易上手：Caffe 的网络结构与参数都独立于代码，用户只要用普通文本就可以定义好自己的神经网络，不需要用代码设计网络。

（2）训练速度快：Caffe 支持 CUDA 架构，而 GPU 运算能极大地提高图像处理的速度，Caffe 在单个 NVIDIA K40 GPU 上每天能处理 6000 万张图片，识别一张图片仅需 1 ms。Caffe 还能在 CPU 模式和 GPU 模式之间无缝切换，可以先用 GPU 训练，然后部署到集群或移动设备上。

---

① 深度神经网络库（cuDNN）是一个 GPU 加速的深度神经网络基元库，能够以高度优化的方式实现标准例程（如前向和反向卷积、池化层、归一化和激活层）。
② Intel MKL 是一套高度优化、线程安全的数学例程、函数，面向高性能的工程、科学与财务应用。
③ CaffeOnSpark 是雅虎机器学习平台。

（3）组件模块化：组件模块化让 Caffe 可以较为方便地扩展到新的模型和学习任务上，用户也可以使用 Caffe 提供的各层类型来定义自己的模型。

（4）开放性：Caffe 具有扩展性的代码，并且拥有数量众多的贡献者，他们每天都在更新和测试代码，促进了 Caffe 的积极发展，实现了当前最新的代码和模型。

（5）适配性好：Caffe 提供了 Python 和 Matlab 接口，使用者可选择熟悉的语言调用部署算法应用。

Caffe

6.1.4　Keras 框架

1. Keras 概述

Keras 是一个用 Python 编写的开源神经网络深度学习库。Keras 最初是为研究人员开发的，为支持快速实验而生，能够把用户的想法迅速转换为成果，其官方网址为 https://keras.io/zh/。

Keras 自身并不是框架，它其实是一个位于其他高级学习框架之上的高级神经网络 API，提供了一个简单的和模块化的 API 来创建和训练神经网络，使神经网络的配置变得简单。Keras 能够在 TensorFlow、Theano 或 CNTK 上运行，如图 6-1-3 所示。

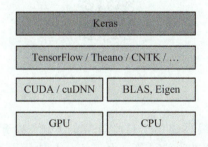

图 6-1-3　Keras 结构图

Keras 的前身是由谷歌软件工程师 François Chollet 为 ONEIROS（开放式神经电子智能机器人操作系统）项目所编写的代码，最初版本以 Theano 为后台。自 2017 年起，Keras 得到了 TensorFlow 团队的支持，其大部分组件被整合至 TensorFlow 的 Python API 中。2018 年 TensorFlow 2.0.0 公开后，Keras 被正式确立为 TensorFlow 高阶 API，即 tf.keras。自 2017 年 7 月开始，Keras 也得到了 CNTK 2.0 的后台支持。

2. 语言与系统支持

Keras 支持的语言有 Python。

Keras 支持的系统有 Unix、Windows、OS X[①]。与其他深度学习框架相比，Keras 模型

①　Mac OS X 10.3 于 2003 年 10 月 24 日正式上市；同年 11 月 11 日，苹果又迅速发布了 Mac OS X 10.3 的升级版本 Mac OS X 10.3.1。

可以轻松地发布到更多平台，如 iOS、安卓系统、浏览器、Google Cloud、Python 网页应用后端、JVM①、Raspberry Pi②。

Keras 还支持多个后端，如 CNTK 后端、TensorFlow 后端、Theano 后端、亚马逊的 MXNet 后端。这 4 个不同的后端引擎都可以无缝嵌入 Keras 中，Keras 模型可以在超越 CPU 的不同硬件平台上训练。

3. Keras 的特点

Keras 的特点如下：

（1）使用方便：Keras 拥有友好、全面的文档，用户可以通过官方网站的文档介绍快速使用 Keras。

（2）简洁的 API：Keras 提供了一致而简洁的 API，以及清晰和具有实践意义的 bug 反馈。

（3）模块性：Keras 是模块化的，具有很好的表现力、灵活性。Keras 包含的网络层、损失函数、优化器、初始化策略、激活函数、正则化方法都是独立的模块，用户可以使用它们来构建自己的模型。

（4）易拓展性：Keras 可以轻松地添加新模块，也可以使用 TensorFlow 来扩展 Keras，从而实现更加定制化的需求，只需要仿照现有的模块编写新的类或函数即可。

（5）与 Python 协作：Keras 完全基于 Python 构建，摒弃单独的模型配置文件，直接通过 Python 代码描述模型逻辑。这种方式让模型结构更紧凑、调试更便捷，也天然具备 Python 生态的扩展便利性。

Keras

6.1.5　PyTorch 框架

1. Torch 简介

Torch 是一个基于 Lua 编写的用于科学计算的开源（基于 BSD License）机器学习库。Torch 广泛支持机器学习算法的科学计算。由于 Torch 使用一个简单的和快速的脚本语言 Lua 以及底层的 C/CUDA，因此 Torch 易于使用且高效。许多互联网巨头开发了定制版的 Torch，以助力 AI 研究，并且 Facebook 开源了大量 Torch 的深度学习模块和扩展。

Torch 的目标是让用户通过极其简单的过程、最大的灵活性和极高的速度建立自己的科学算法。Torch 的核心是流行的神经网络和简单易用的优化库，使用 Torch 能在实现复杂的神经网络拓扑结构时保持最大的灵活性，同时可以使用并行的方式对 CPU 和 GPU 进行更有效率的操作。

Torch 是一个用 Lua 语言开发的深度学习框架，目前支持 Mac OS X 和 Ubuntu 12 及以上版本。

---

① 　JVM(Java Virtual Machine)一般指 Java 虚拟机。

② 　树莓派（即 Raspberry Pi，简写为 RPi，别名为 RasPi / RPI）是为学习计算机编程教育而设计的，只有信用卡大小的微型计算机，其系统基于 Linux。

Torch 具有灵活度高、模块化程度高、构建网络层次便捷、内置模型丰富、用户易于使用、效率高等特点。但是，Torch 缺乏相应的工业应用。

2. PyTorch 概述

PyTorch 是一个开源的 Python 机器学习库，官方网址为 https://pytorch.org/，其官网截图如图 6-1-4 所示。PyTorch 是在 Torch 的基础上开发出来的，其底层框架和 Torch 相同，但在原来的基础上，又用 Python 完善了很多内容。PyTorch 将 Torch 中高效而灵活的 GPU 加速后端库与直观的 Python 前端相结合，PyTorch 前端专注于快速原型设计、可读代码，并支持尽可能广泛的深度学习模型。PyTorch 不是简单地封装 Lua(Lua 是一个小巧的脚本语言，由标准 C 编写而成)，为 Torch 提供 Python 接口，而是对 Tensor 之上的所有模块进行了重构，并新增了最先进的自动求导系统。因此，PyTorch 能够实现强大的GPU 加速，还支持动态神经网络。

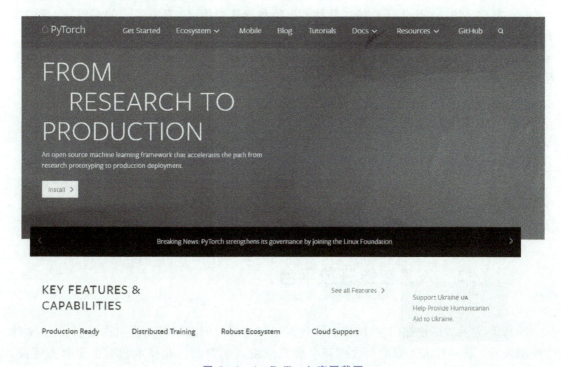

图 6-1-4　PyTorch 官网截图

2017 年 1 月，Facebook 人工智能研究院(FAIR)团队在 GitHub 上开源了 PyTorch。现在，PyTorch 已经成为最流行的动态图框架。

PyTorch 既可以看作加入了 GPU 支持的 Numpy，同时也可以看成一个拥有自动求导功能的强大的深度神经网络。除 Facebook 外，它已经被 Twitter、CMU 和 Salesforce 等机构采用。

3. 语言与系统支持

PyTorch 基于 Torch 用 Python 语言编写，其框架的产生受到 Torch 和 Chainer① 这两

———————————————

① Chainer 是一个灵活的神经网络框架，它能够用简单直接的方式来构建复杂的网络架构。

个框架的启发。与 Torch 使用 Lua 语言相比，PyTorch 是一个 Python 优先的框架（与 Python 深度结合的框架），可以继承 PyTorch 类然后自定义。与 Chainer 类型相比，PyTorch 框架具有自动求导的动态图功能，也就是所谓的运行时定义（define by run），即当 Python 解释器运行到相应行时计算图才会被创建。

4. PyTorch 的特点

PyTorch 的特点如下：

（1）入门简单：简洁的设计带来的一个好处就是代码易于理解。PyTorch 的源码只有 TensorFlow 的十分之一左右，更直观的设计使得 PyTorch 的源码十分易于阅读。

（2）简洁：PyTorch 的设计追求最少的封装，遵循 tensor→variable（autograd）→ nn. Module 三个由低到高的抽象层次，而且这三个抽象层次之间联系紧密，可以同时进行修改和操作。

（3）高效、快速：PyTorch 的灵活性不以牺牲速度为代价，具有强大的 GPU 加速的张量计算能力。

（4）活跃的社区：PyTorch 提供了完整的文档、循序渐进的指南，便于研究人员和开发人员建立丰富的工具库和生态系统，同时方便开发人员维护论坛。

（5）包含自动求导系统的深度神经网络。

（6）动态图机制：PyTorch 采用动态图机制，边搭建图边计算，具有灵活且易调节的优点。

PyTorch

6.2　人工智能开放平台

2019 年 8 月，科技部印发《国家新一代人工智能开放创新平台建设工作指引》。该文件中明确表示，新一代人工智能开放创新平台重点由人工智能行业技术领军企业牵头建设，鼓励联合科研院所、高校参与建设并提供智力和技术支撑。

目前，我国人工智能开放平台参与者众多，如阿里云、腾讯云、百度云等下属的 AI 开放平台。在我国，大多数中小企业由于技术和资金不足，不能长期在大数据、云计算、人工智能等领域进行自主研发和持续投入。百度云、华为云等人工智能开放平台的推出，给大量中小企业带来开源资源的借力，可避免无效探索和盲目投入，让企业能够快速借助 AI 平台实现创新。

人工智能技术和底层基础设施的开源开放是加速 AI 技术创新和应用落地的重要途径之一，可推动人工智能开源社区及开放平台的建设，可以更好地把企业行为同国家需要及行业需求结合起来，推动人工智能产业的健康、可持续发展。下面介绍几个比较著名的 AI 开放平台。

6.2.1　飞桨

1. 飞桨概述

飞桨(PaddlePaddle)是百度推出的开源开放 AI 应用平台。该平台以百度多年的深度学习技术研究和业务应用为基础，集深度学习核心训练和推理框架、基础模型库、端到端开发套件、丰富的工具组件于一体，是中国首个自主研发、功能丰富、开源开放的产业级深度学习平台。飞桨的官方网址为 https://www.paddlepaddle.org.cn/，飞桨的官网截图如图 6-2-1 和图 6-2-2 所示。

图 6-2-1　飞桨官网截图一

图 6-2-2　飞桨官网截图二

2016 年百度首次提出建设人工智能平台 PaddlePaddle。2018 年 7 月，李彦宏在百度 AI 开发者大会上喊出了"Everyone Can AI"的口号，发布开源框架 V0.14 版本。V0.14 版本提供从数据预处理到模型部署在内的深度学习全流程的底层能力支持，官方首次开源 CV/NLP/语音/强化学习等 10 个模型。2019 年 4 月，时任百度高级副总裁的王海峰在 Wave Summit 深度学习开发者峰会上，为深度学习框架 PaddlePaddle 在百度内部的战略地位进行了定调。2019 年 4 月，百度正式将 PaddlePaddle 命名为"飞桨"，开始强调自己更懂中国开发者，以及更加专注于深度学习模型的工业生产和部署。至今，PaddlePaddle 已经历经十余次的更新，2024 年 7 月开源框架 V2.8.0 版本发布，在开发、训练、推理部署和云四个方面实现升级。

IDC（互联网数据中心）发布的 2021 年上半年深度学习框架平台市场份额报告显示，百度在中国深度学习平台市场的综合份额占据第一。截至 2022 年 5 月，百度飞桨已凝聚 477 万开发者，基于飞桨创建了 56 万个模型，服务了 18 万家企事业单位。2022 年 7 月，中国信通院报告显示，百度飞桨深度学习平台在中国市场的应用规模占据第一。飞桨助力开发者快速实现 AI 想法，创新 AI 应用，它作为基础平台支撑越来越多行业实现产业智能化升级。

2. 飞桨的特点

（1）易用性。飞桨提供了易学易用的前端编程界面和统一高效的内部核心架构，对普通开发者而言更容易上手。它默认采用命令式编程范式，并完美地实现了动静统一，开发者可以实现动态图编程调试，并通过一行代码实现静态图训练部署。此外，飞桨框架还提供了低代码开发的高层 API，并且高层 API 和基础 API 采用了一体化设计，两者可以互相配合使用，做到高低融合，确保用户可以同时享受开发的便捷性和灵活性。

（2）高效性。飞桨突破了超大规模深度学习模型训练技术，领先其他框架且实现了千亿稀疏特征、万亿参数、数百节点并行训练的能力，解决了超大规模深度学习模型的在线学习和部署难题。

（3）灵活性。飞桨同时为用户提供动态图和静态图两种机制。静态图机制是先定义网络结构而后运行，对定义好的图结构进行分析，可以使运行速度更快，显存占用更低，在业务部署上具有非常大的优势。动态图机制则允许所有操作立即获得执行结果，便于模型的调试。

（4）可伸缩性。飞桨支持多端多平台部署的高性能推理引擎，这意味着它可以适应不同的硬件环境和应用场景，无论是云端还是边缘计算设备，都能提供良好的性能表现。

（5）丰富的模型库和工具。飞桨提供了丰富的官方模型库，涵盖了视觉、NLP、语音和推荐等 AI 核心技术领域。这些模型都是基于百度多年的产业应用经验和生态伙伴的人工智能解决方案实践，具有很高的实用价值。此外，飞桨还提供了预训练模型管理和迁移学习组件 PaddleHub，可以帮助用户快速加载和应用工业级预训练模型。

（6）开源开放。飞桨自 2016 年正式开源以来，一直是全面开源开放、技术领先、功能完备的产业级深度学习平台。

飞桨 PaddlePaddle 平台

6.2.2　华为 ModelArts

1. ModelArts 概述

ModelArts 是华为云推出的一站式 AI 开发平台，提供了完整的 AI 全流程开发支持。

"一站式"是指 AI 开发的各个环节，包括数据处理、算法开发、模型训练、模型部署等都可以在 ModelArts 上完成。ModelArts 还提供了丰富的预置算法，具备海量数据预处理及半自动化标注、大规模分布式训练、自动化模型生成及端-边-云模型按需部署能力，能帮助用户快速创建和部署模型，管理全周期 AI 工作流。ModelArts 的官方网址为 https://www.huaweicloud.com/product/modelarts.html，官网截图如图 6-2-3 所示。

图 6-2-3　ModelArts 官网截图

从技术上看，ModelArts 底层支持各种异构计算资源，开发者可以根据需要灵活选择并使用，而不需要关心底层的技术。同时，ModelArts 支持 TensorFlow、PyTorch、MindSpore 等主流开源的 AI 开发框架，也支持开发者使用自研的算法框架。ModelArts 还支持图像分类、物体检测、视频分析、语音识别、产品推荐、异常检测等多种 AI 应用场景。

ModelArts 的理念就是让 AI 开发变得更简单、更方便。面向不同经验的 AI 开发者，ModelArts 提供了便捷易用的使用流程。

2. ModelArts 的优势

ModelArts 的优势如下：

（1）低门槛：提供多种预置模型，开源模型想用就用。模型超参自动优化，简单快速，零基础 3 步即可构建 AI 模型。

（2）高效率：模型超参自动优化，简单快速；零代码开发，简单操作即可训练出自己的模型；支持一键部署云-边-端模型。

（3）高性能：自研 MoXing 深度学习框架，提升算法开发效率和训练速度；优化深度模型推理中 GPU 的利用率，加速云端在线推理；可生成在 Ascend 芯片上运行的模型，实现高效端边推理。

（4）易运维：灵活支持多厂商、多框架、多功能模型统一管理。

（5）框架兼容性：支持 TensorFlow、PyTorch、Caffe 等多种主流 AI 开发框架，以及华为自研的 MoXing 框架。

华为 ModelArts 平台

6.2.3　腾讯 AI 开放平台

1. 腾讯 AI 开放平台概述

腾讯 AI 开放平台(Tencent AI Open Platform)属于腾讯科技(深圳)有限公司旗下的品牌。腾讯公司 AI 战略布局,依托腾讯 AI Lab/腾讯优图/WeChatAl 等实验室,提供先进的语音/图像/NLP 等多项人工智能技术,提供 AI 领域新的应用场景和解决方案。腾讯 Al 开放平台汇聚腾讯 AI 技术能力,开放 100 余项 AI 能力接口,供行业使用,线下则通过 AI 加速器帮助和扶持 AI 创业者,打造 AI 开放新生态。腾讯 AI 开放平台的官方网址为 https://ai.qq.com/。

腾讯 Al 加速器是腾讯产业加速器的重要组成部分,其依托腾讯 AI 实验室矩阵的核心技术,旨在帮助 AI 初创企业成长并推动 AI 技术在各行各业的应用。腾讯云的平台、计算能力以及合作伙伴丰富的应用场景,为入选项目提供课程、技术、资本、生态、品牌等层面的扶持,并与入选项目共同打造行业解决方案,推动 AI 技术在产业中的应用落地。

2. 平台提供的产品

腾讯 Al 开放平台提供先进的语音、图像、NLP 等多项人工智能技术,共享 AI 领域新的应用场景和解决方案。平台提供的产品具体有文字识别、人脸识别、人体分析、自然语言处理、语音识别、图像分析等。

(1) 文字识别:文字识别基于行业前沿的深度学习技术,将图片上的文字内容智能识别为可编辑的文本。该产品支持通用文字识别、卡证文字识别、票据单据识别,以及行业文档等多场景下的印刷体、手写体文字识别,同时支持票据和证照核验功能,支持提供定制化服务,可以有效地代替人工录入信息。

(2) 人脸识别:人脸识别(Face Recognition)是基于深度学习的面部分析技术,包括人脸检测与分析、五官定位、人脸比对与验证、人脸检索、活体检测等,可提供多样化的人脸识别和验证方案。

(3) 人体分析:人体分析(Body Analysis)基于腾讯优图领先的人体分析算法,提供人体检测、行人重识别(ReID)等服务。该产品支持通过人体检测,识别行人的穿着、体态等属性信息,可实现跨摄像头跨场景下行人的识别与检索。

(4) 自然语言处理:自然语言处理深度整合了腾讯内部的 NLP 技术,依托千亿级中文语料积累,提供 16 项智能文本处理能力,包括智能分词、实体识别、文本纠错、情感分析、文本分类、词向量、关键词提取、自动摘要、智能闲聊、百科知识图谱查询等。

(5) 语音识别:语音识别(Automatic Speech Recognition,ASR)为企业提供极具性价比的语音识别服务,被微信、王者荣耀、腾讯视频等大量内部业务使用,外部落地录音质检、会议实时转写、语音输入法等多个场景。

（6）图像分析：图像分析基于深度学习等人工智能技术，提供综合性的图像智能识别服务，包含车辆识别、商品识别、文件封识别等。

腾讯 AI 开放平台主要分为技术引擎、解决方案、AI 加速器、AI 资讯、文档中心等。

3．平台特点

（1）技术能力强，拥有顶级的技术团队和三大实验室支撑：AI Lab 致力于人工智能，优图致力于识别技术，微信 AI 致力于微信生态链的人工智能技术。

（2）众多的用户和海量的数据优势，腾讯旗下两大平台 QQ 和微信共拥有十多亿的用户，每天产生大量的数据可供 AI 开放平台训练、分析使用。

（3）可应对丰富的业务场景，提供多种 AI 解决方案。

（4）助力医疗影像和辅助诊断，AI 影像和 AI 辅助诊断是腾讯觅影主要的两大功能。在 AI 影像方面，腾讯觅影现已开展食管癌、肺癌、糖尿病筛查，并已进入临床预试验，每个月处理上百万张医学影像；肺结节早筛系统准确率超过 95％，可检测 3 mm 及以上的微小结节，糖网病变识别准确率更高达 97％。

腾讯 AI 开放平台

6.2.4　阿里云人工智能开放平台

1．阿里云人工智能开放平台概述

阿里云人工智能（AI）开放平台是由阿里巴巴集团推出的一个人工智能开放平台，旨在帮助开发者、企业和个人轻松实现人工智能技术的应用和创新。阿里云 AI 开放平台依托阿里顶尖的算法技术，结合阿里云可靠和灵活的云计算基础设施和平台服务，为用户提供了丰富的人工智能技术服务。其官方网址为 https://www.aliyun.com。

例如，阿里云视觉智能开放平台是一个基于阿里巴巴视觉智能技术实践经验的综合性视觉 AI 能力平台，该平台面向视觉智能技术企业和开发商（含开发者），提供高易用、普惠的视觉 API 服务，帮助企业快速建立视觉智能技术应用能力。阿里云视觉智能开放平台可实现人脸人体识别、文字识别、商品理解、内容审核、图像识别、图像生产、分割抠图、视觉搜索、图像分析处理、目标检测、视频理解、视频生产、视频分割以及 3D 视觉、离线 SDK 等多种视觉基础技术。

企业用户、开发者可以在阿里云视觉平台上选择相关能力，自行封装产品、服务或者是解决方案，以满足自身或者最终用户的应用需求。

2．平台特点

（1）专业：聚集达摩院及阿里巴巴经济体图像、视频、3D 视觉等领域的科学家和工程师沉淀的视觉 API 能力，打造全球领先的视觉智能技术商业化服务平台，方便使用视觉智能技术。

（2）实用：拥有阿里巴巴经济体海量场景和最佳案例中锤炼出来的视觉技术，为用户提供具备实战价值且有核心竞争力的视觉 AI 能力。

（3）全面：提供阿里巴巴经济体全方位视觉能力的输出，汇聚规模化、多样化、细粒度、场景化的视觉 AI 能力，为开发者和用户提供一站式能力选择。

（4）易用：依托阿里云智能坚实的基础设施服务，提供普惠易用的 AI 能力，采用通用且标准化的接口方式，让用户可以快速接入并使用视觉 API，省心省力。

【思政之声】

通过介绍国内飞桨（PaddlePaddle）、华为 ModelArts、腾讯 AI 开放平台、阿里云人工智能开放平台，增强学生民族自尊心、自信心和自豪感，激发学生技术创新、技术立国的使命感。

阿里云人工智能开放平台

本 章 习 题

1. 请阐述 AI 开发框架及其作用。

2. 除书中介绍的 AI 开发框架外，还有哪些知名的框架（库）？请自行查阅资料，列举 5个以上 AI 开发框架，并阐述其特点。

3. 请阐述 AI 开放平台及其作用。

4. 请自行查阅资料，阐述 AI 开放平台在中小企业发展中的作用。

5. 除书中介绍的 AI 开放平台外，还有哪些 AI 开放平台？请自行查阅资料，列举两个以上 AI 开放平台，并阐述其特点。

▶ 第 7 章　人工智能支撑技术与硬件设施

近几年，人工智能技术和应用得到了前所未有的发展，正在改变我们的学习、生产和生活方式。人工智能的快速发展，离不开三个要素：数据、算法和算力。Gartner Group[①] 认为，任何一个行业、企业、单位，只要有场景、有积累的数据、有足够的算力，都可以实现AI 开发与应用的落地。数据、算法和算力包含的具体技术有物联网技术、大数据技术、5G通信技术、数据存储与传输技术、云计算技术、边缘计算技术、智能传感器技术、智能芯片技术，这些技术在人工智能的发展和应用中缺一不可，它们相互促进、相互支撑，是人类社会进入人工智能时代的必备条件。

▶▶ 7.1　人工智能支撑技术

7.1.1　物联网技术

1. 物联网概述

物联网（Internet of Things，IoT）即"万物互联的网络"，是互联网的延伸和扩展。物联网利用局部网络或互联网等通信技术把各种传感器、计算机设备、存储设备和人等连在一起，形成人与人、人与物、物与物的互联互通，实现信息采集、信息传输、信息处理、远程管理控制和智能化决策。物联网应用领域如图 7-1-1 所示。

【思政之声】

物联网是传感网在国际上的通称。我国在物联网领域的研究较早，当时物联网被称为传感网。中国科学院在 1999 年就启动了传感网的研究，并相继建设了一些实际的传感网。2005 年 11 月 17 日，在突尼斯举行的信息社会世界峰会上，ITU[②]（国际电信联盟）发布了《ITU 互联网报告 2005：物联网》，正式提出了"物联网"的概念。2009 年 8 月，温家宝总理视察江苏无锡时就提出把"感知中国"建在无锡，同年，物联网被正式列为国家五大战略性新兴产业[③]之一，并写入政府工作报告。2015 年 7 月，国务院发布《国务院关于积极推进"互联网＋"行动的指导意见》。该指导意见指出"互联网＋"将在创新创业、协同制造、现代

---

① Gartner Group 公司成立于 1979 年，它是第一家从事信息技术研究和分析的公司，它为有需要的技术用户提供专门的服务。

② ITU 一般指国际电信联盟，它是主管信息通信技术事务的联合国机构，负责分配和管理全球无线电频谱与卫星轨道资源，制定全球电信标准，向发展中国家提供电信援助，促进全球电信发展。

③ 五大战略性新兴产业包括新能源、信息网络、新材料、生物医药和空间产业。

图 7 - 1 - 1 物联网应用领域

农业、智慧能源、普惠金融、益民服务、高效物流、电子商务、便捷交通、绿色生态和人工智能等方面开展重点活动，为物联网的发展提供了新的机遇。我国对物联网的研究和应用是领先于欧美国家的，所以物联网往往被贴上中国式标签。

2. 物联网的体系结构

物联网的体系结构可以分为采集信息的感知层、传输信息的网络层和针对用户的应用层三个层次，如图 7 - 1 - 2 所示。

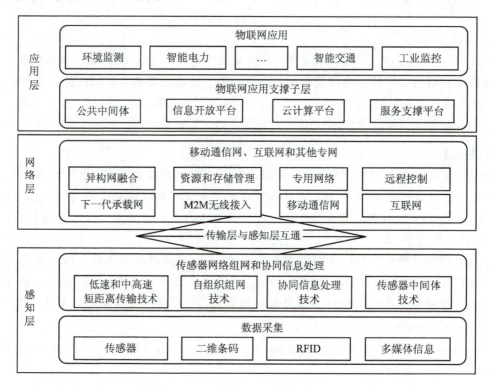

图 7 - 1 - 2 物联网的体系结构

1）感知层

在物联网中，感知层就像人体的感知器官，负责识别物体和采集原始数据（见图 7 - 1 - 3）。

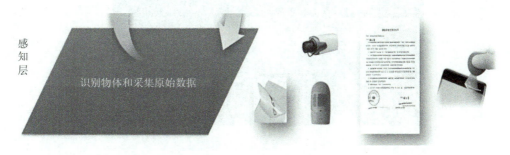

图 7 - 1 - 3　感知层

感知层是物联网的核心，位于物联网的最底层，一般包括传感器、RFID[①] 和传感器网络。常见的传感器包括温度、湿度、速度、位置、压力、流量、气体传感器等。

2）网络层

网络层类似于人体结构中的神经中枢和大脑，负责将感知层采集的数据进行处理和传递。网络层包括移动通信网、互联网、信息中心、网络管理中心和智能处理中心等。

3）应用层

应用层是物联网的最上层，是物联网和用户[②]的接口。应用层主要对网络层传递过来的信息进行处理和分析，并作出正确的决策和控制，实现物联网智能的具体应用和服务。应用层解决信息处理和人机交互的问题，从结构上划分，包含物联网中间件[③]、物联网应用和云计算[④]。

3. 物联网的应用领域

1）智慧交通

2009 年，IBM 提出了智慧交通的理念。智慧交通融入物联网、云计算、大数据、移动互联等高新 IT 技术，通过高新技术汇集交通信息，提供实时交通数据下的交通信息服务。智慧交通应用场景如图 7 - 1 - 4 所示。比如，具有辅助驾驶功能的汽车可以根据传感器采集到的数据帮助司机更好地驾驶汽车，甚至可以帮助司机作出决策（自动驾驶、紧急避让、方向矫正、自动刹车等）；道路监控系统依据摄像头采集车流信息并进行分析，动态调整红灯和绿灯的显示时间，从而有效引导车流，改进道路环境，确保道路交通安全。常见的应用有智能公交车、无人驾驶、共享自行车、智能信号灯和智慧停车场系统等。

---

① RFID（射频识别）是 Radio Frequency Identification 的缩写，其原理为阅读器与标签之间进行非接触式的数据通信，达到识别目标的目的。
② 用户包括人、组织和其他系统。
③ 中间件是连接相关硬件设备和业务应用的桥梁，其主要功能包括屏蔽异构、实现互操作、信息预处理等。
④ 云计算（Cloud Computing）是分布式计算的一种，指的是通过网络"云"将巨大的数据计算处理程序分解成无数个小程序，然后通过多部服务器组成的系统进行处理和分析，得到结果后返回给用户。

图 7-1-4　智慧交通应用场景

2）智慧物流

智慧物流（见图 7-1-5）是一种以信息技术为支撑，在物流的运输、仓储、包装、装卸搬运、流通加工、配送、信息服务等各个环节实现系统感知、全面分析、及时处理及自我调整功能，从而实现物流规整智慧、发现智慧、创新智慧和系统智慧的现代综合性物流系统。智慧物流的智能终端利用 RFID、红外感应[①]、激光扫描[②]等传感技术获取商品的各种属性信息和空间信息，再传递到物流管理服务器的数据中心，数据中心再对数据进行集中处理利用，从而为物流管理提供决策支持。智慧物流目前主要应用在运送检测、快递终端设备等方面。

图 7-1-5　智慧物流

3）智能安防

随着物联网技术的发展、普及与应用，安防系统从传统的安全防护系统向城市综合化体系的智能安防系统演变。智能安防主要应用在家庭智能安防系统、社区智能安防系统、城市智能安防系统这三大领域中。

家庭智能安防系统通过物联网技术、无线电传输技术、传感器（如摄像头、热敏传感器、光敏传感器等）、防盗报警系统等多项技术的综合运用，可以实现智能家居、自动防盗

---

① 红外感应技术又称为红外探测技术，是物联网应用中的基本技术（其中还包括 RFID 和 GPS 定位技术等）之一。

② 激光扫描器是一种光学距离传感器，用于危险区域的灵活防护，通过出入控制，实现访问保护等。它的扫描方式有单线扫描、光栅式扫描和全角度扫描三种。

报警、自动火灾报警、自动紧急求助等系列智能化功能。家庭智能安防如图 7-1-6 所示。

图 7-1-6　家庭智能安防

4）智慧医疗

智慧医疗又称为移动医疗（Wise Information Technology of MED，WITMED），如图 7-1-7 所示。智慧医疗是一种融合物联网技术、云存储技术、云计算技术甚至人工智能技术，且以患者数据为中心的医疗服务模式。智慧医疗拟构建出以患者电子健康档案为中心的区域医疗信息共享平台，并通过将不同医院的业务流程进行整合，优化区域医疗卫生资源，实现跨医疗机构的在线预约和双向转诊，缩短病患就诊流程，缩减相关手续，使得医疗资源合理化分配，真正做到以患者为中心。智慧医疗系统包括智慧医院系统、区域卫生系统以及家庭健康系统。

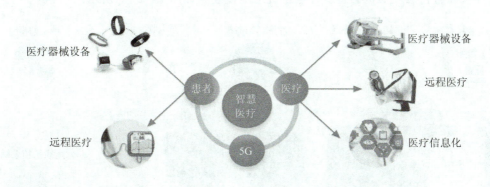

图 7-1-7　智慧医疗

5）智慧电网

智慧电网又被称为"电网 2.0"，它建立在集成的高速双向通信网络的基础上，通过先进的传感和测量技术、先进的设备技术、控制方法以及决策支持系统技术的应用，实现电网的可靠、安全、经济、高效、环境友好和使用安全的目标。智慧电网的主要特征包括自愈、激励和保护用户、抵御攻击、提供满足 21 世纪用户需求的电能质量、容许各种不同发电形式的接入、启动电力市场以及资产的优化高效运行。

中国物联网校企联盟认为智慧电网由智能变电站、智能配电网、智能电能表、智能交互终端、智能调度系统、智能家电、智能用电楼宇、智能城市用电网、智能发电系统、新型储能系统等组成。智慧电网如图 7-1-8 所示。

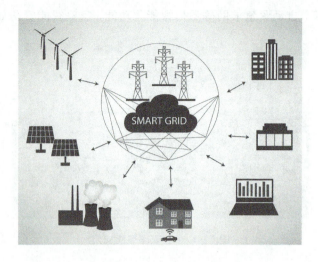

图 7 - 1 - 8   智慧电网

6）智慧建筑

　　智慧建筑指结合各种传感器和智能处理系统，将建筑物的结构、系统、服务和管理根据用户的需求进行最优化组合，从而为用户提供一个高效、舒适、便利的人性化建筑环境。智慧建筑基础技术包括现代建筑技术、人工智能技术、现代通信技术和智能控制技术。

　　智慧建筑设计主要面向办公楼、商业综合楼、学校、体育场馆、医院、工业建筑、住宅小区等新建、扩建或改建工程，通过对建筑物智能化功能的配备，实现高效、安全、节能、舒适、环保和可持续发展的目标。智慧建筑工地概述图如图 7 - 1 - 9 所示。

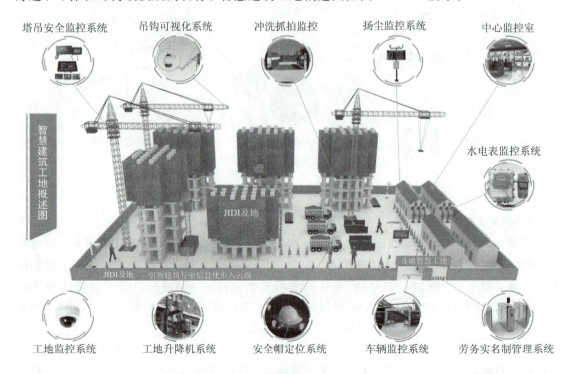

图 7 - 1 - 9   智慧建筑工地概述图

智慧建筑可以节约资源，降低工作人员的运维管理成本。现有的智慧建筑主要应用在消防安全检测、智慧电梯轿厢等。

7）智能家居

智能家居是以住宅为平台，利用综合布线技术、网络通信技术、安全防范技术、自动控制技术、音视频技术将家居生活有关的设施集成，构建高效的住宅设施与家庭日程事务的管理系统，提升家居安全性、便利性、舒适性、艺术性，并实现环保节能的居住环境，如图 7-1-10 所示。

图 7-1-10　智能家居

物联网应用在智能家居上，可以让家居生活越来越舒适、安全、高效，比如扫地机器人让人们解放了打扫卫生的双手。

智能家居是物联网影响之下物联化的体现。智能家居通过物联网技术将家中的各种设备连接到一起，提供家电控制、照明控制、窗帘控制、电话远程控制、室内外遥控、防盗报警、环境监测、暖通控制、红外转发以及可编程定时控制等多种功能和手段。智能家居可提供全方位的信息交互功能，帮助家庭与外部保持信息交流畅通，优化人们的生活方式，帮助人们有效安排时间，增强家居生活的安全性，甚至为各种能源费用节约资金。

8）智慧零售

智慧零售是指运用互联网、物联网技术，感知消费习惯，预测消费趋势，引导生产制造，为消费者提供多样化、个性化的产品和服务。随着技术的发展，实体零售和传统电商都需要变革，都需要线上线下融合。智慧零售应用场景"果缤纷无人售卖智慧体验"如图 7-1-11 所示。

图 7-1-11　果缤纷无人售卖智慧体验

9）智慧农业

智慧农业（见图7-1-12）就是将物联网技术与传统农业有机整合，运用物联网上的各类传感器和软件并通过智慧平台对农业生产进行实时检测和控制，使传统农业更具有"智慧"。从广泛意义上讲，智慧农业除了实现传统农作物生长过程中的精准感知、智能控制与决策管理，还包括农作物病虫害自动防治、食品安全、智能收割、智能仓储、电子商务、精准物流等方面的内容。

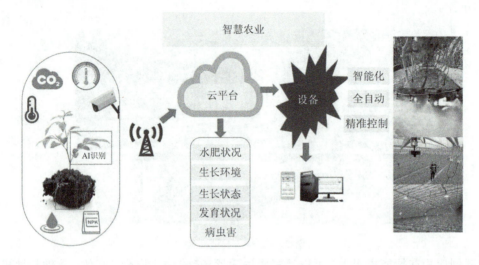

图 7 - 1 - 12　智慧农业

现代农业通过和物联网技术的紧密结合，可以实现数据的可视化分析、远程操作和灾害预警。在种植业上体现为通过监控、卫星等收集数据，在畜牧业上体现为通过动物耳标、监控、智能穿戴设备等收集数据，并对收集到的数据进行分析，从而做到精确的管理。

物联网技术

7.1.2　5G 通信

1. 5G 通信技术概述

5G 通信技术指第五代移动通信技术（5th Generation Mobile Communication Technology，简称 5G），具有高传输速率、超低时延和大连接（万物互联）的特点。人工智能、移动医疗、物联网等技术都需要依托于 5G 来实现。

5G 通信不仅要解决人与人的通信问题，为用户提供高速网络访问、增强现实、虚拟现实、超高清视频通话等业务体验，更重要的是解决人与物、物与物的通信问题，满足物联网应用需求。可以预计，5G 通信将被运用到经济社会的各个领域，成为支撑经济社会数字化、网络化、智能化转型的关键基础技术。

华为是较早进行 5G 通信研究的公司之一，在 5G 通信领域里取得了很大的突破。华为申请的 5G 专利占全球 5G 专利总数的 21%，位居世界第一。

2．5G 通信应用场景

5G 通信技术不仅仅应用于智能手机、平板电脑等终端，更多的是面向一些行业需求，比如智慧城市、智慧农业、智慧交通、无人驾驶、智能家居、智慧医疗、智慧教育、智能安防等。5G 超高的网络数据传输速率和超低的网络延迟将加速物联网应用的普及，同时也将产生呈指数级上升的海量数据，对云存储、云计算和边缘计算也提出了更高的要求。

5G 通信技术让无线通信不再局限于手机通信和网络连接，手机只是 5G 应用场景中很少的一部分。5G 通信的普及催生了以下 5 种应用场景。

1）家庭服务

5G 通信的普及，加速了智能家居产品的普及，比如智能门锁、智能安防、智能空调、智能灯光、智能影音、智能扫地机器人、智能冰箱、智能窗帘等。在 5G 通信技术的加持下，智能家居产品可以为家庭生活提供各种智能服务，从而提高家庭生活质量。5G 家庭服务场景如图 7－1－13 所示。

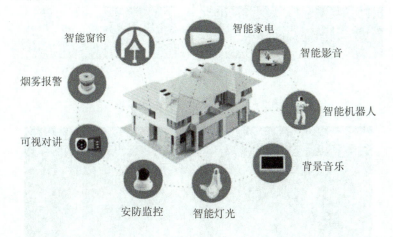

图 7－1－13　5G 家庭服务场景

2）文化旅游

国内越来越多的景点推出"5G ＋ 沉浸式游览体验"服务，借助"5G ＋ VR/AR 融合技术"打造智慧文旅新场景：依托 5G 新基建，结合 VR（虚拟现实）实现"沉浸式景区风貌欣赏"（如游客戴上 VR 眼镜即可实现"身临其境"游览）；结合 AR（增强现实）提供"虚实融合互动体验"（如扫描景点二维码即可触发 AR 历史故事、虚拟导览）。这种"5G 低时延 ＋VR 沉浸感 ＋AR 交互性"，为旅游文化产业注入数字化活力，推动智慧文旅升级。5G＋AR 应用场景如图 7－1－14 所示。

3）医疗救助

2022 年 3 月 9 日，广东省人民医院、广东移动、华为共同签署《5G 智慧医疗战略合作协议》，联手打造广东省首个 5G 应用示范医院，建设面向 5G 应用的"互联网＋智慧医院服务体系"。5G 医疗救助场景如图 7－1－15 所示。

中国移动、中国联通和中国电信三大运营商也都支持 5G 网络在医疗上的应用。

5G 通信技术将为医疗行业领域铺设一张超大带宽、超低时延、超多连接、安全可靠的移动基础网络，为将来大量应用于医疗行业的 5G 应用和设备提供可靠的网络环境。

实景导航　　　场景复原　　　商业营销　　　虚拟互动　　　大型场景互动

5G+AR 应用场景

图 7 - 1 - 14　5G＋AR 应用场景

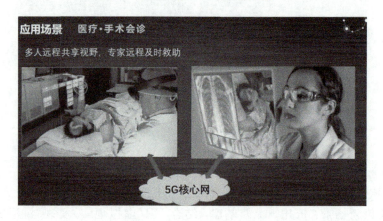

图 7 - 1 - 15　5G 医疗救助场景

　　5G 通信技术支持快速传输大型图像等文件，将更好地搭建绿色院前急救通道，实现"上救护车就是入院"即时治疗。

　　未来，慢病患者可运用 5G 通信技术连接互联网慢病管理平台，在家中即可享受高清视频问诊、续药等服务。在社区医院，患者可线上"点选"名医专家开展会诊，医生也可远程控制机器人完成问诊服务，有利于优质医疗资源的下沉。

　　此外，基于 5G 建立起来的物联网医疗生态系统，将覆盖数以亿计的医疗设备，医生可依靠这些设备实时获取患者的电子医疗数据，提高诊治质量和效率。

　　4）城市管理

　　随着 5G 通信技术的快速推广，越来越多的城市依托 5G 网络，积极运用 AI、大数据、物联网等技术和信息化服务，建设"5G＋城市管理"平台，助力地方政府推进市域治理工作，打造新型智慧城市。"5G＋城市管理"平台覆盖的场景主要有市政园林、市容市貌、建筑工地、清运管理、车辆违停、违章建筑、交通管理、智能安防等。

　　5）车联空间

　　5G 基站的全面覆盖，促使蜂窝车联网(Cellular-Vehicle to Everything，C-V2X)应用快速落地。C-V2X 即基于蜂窝技术的车联网通信，目前的 C-V2X 是基于全球 3GPP R14 规范的 V2X 通信技术。车联空间如图 7 - 1 - 16 所示。

图 7 - 1 - 16　车联空间

　　V2X 技术包括四种应用场景，分别如下：

　　(1) V2V(Vehicle to Vehicle)即车与车之间的直接通信，比如过无信号灯的十字路口时，汽车能感知其他汽车的存在，从而提前减速并依次通过路口，避免交通意外发生。

　　(2) V2I(Vehicle to Infrastructure)即汽车与道路基础设施之间的通信，如汽车能自动识别交通信号灯并能自动读秒，实现能否通过路口的自动判断；自动识别交通标识(如限速标识)，从而自动减速，避免违章；能自动感知停车位置等。

　　(3) V2P(Vehicle to Pedestrian)即汽车与行人的通信，可保障行人安全。

　　(4) V2N(Vehicle to Network)即车与云的连接，可实现车与云端即时通信。

5G

7.1.3　云计算

1. 云计算概述

　　云计算(Cloud Computing)是计算服务商通过网络并按照用户需求提供的计算服务，如图 7 - 1 - 17 所示。云计算由分布式计算发展而来，是由分布式计算技术、效用计算技术、负载均衡技术、并行计算技术、网络存储技术、热备份冗杂技术和虚拟化技术等混合演变的产物。云计算通过网络将巨大的数据计算处理程序分解成无数个小程序，再通过云端的多部服务器组成的系统进行处理和分析，得到结果后返回给用户。

图 7-1-17　云计算

2006 年 8 月 9 日，Google 首席执行官埃里克·施密特(Eric E. Schmidt)在搜索引擎大会上首次提出"云计算"的概念。2007 年以来，"云计算"成为计算机领域最令人关注的话题之一。云计算的提出，使得互联网技术和 IT 服务出现了新的模式，引发了一场变革。2008 年，微软发布公共云计算平台(Windows Azure Platform)，由此拉开了微软的云计算大幕。

同样，云计算在国内也掀起了一场风波，许多大型网络公司纷纷加入云计算的阵列。2009 年 1 月，阿里软件在江苏南京建立首个"电子商务云计算中心"。同年 11 月，中国移动云计算平台"大云"计划启动。2010 年，腾讯在北京成立以从事软件和信息技术服务业为主的云计算公司。目前，云计算已经发展到较为成熟的阶段。

云计算技术为人工智能的发展提供了新的技术实现方法，同时人工智能也是云计算技术的一个重要支撑，人工智能的发展也给云计算的发展注入新的活力。

2. 云计算应用场景

1）存储云

存储云，又称云存储，是在云计算技术上发展起来的一个新的存储技术。存储云是一个以数据存储和管理为核心的云计算系统。用户可以将本地的资源上传至云端服务器，并且可以在任何地方通过互联网连接来获取云上的资源。云存储示意图如图 7-1-18 所示。

图 7-1-18　云存储示意图

存储云向用户提供了存储容器服务、备份服务、归档服务和记录管理服务等，极大地方便了使用者对资源的管理。在国外,谷歌、微软、亚马逊等均提供云存储的服务。在国内,比较知名的有百度网盘、阿里云盘、360 安全云盘等存储云。

2) 医疗云

医疗云,是指将云计算技术、多媒体技术、5G 通信技术、大数据技术以及物联网技术结合现代医疗技术衍生出来的医疗资源共享平台。四川远程医疗云如图 7-1-19 所示。医疗云使用"云计算"来创建医疗健康服务平台,实现了医疗资源的高度共享和医疗范围的扩大。结合云计算技术,医疗云在提高医疗机构的效率、方便居民就医方面起到了非常重要的作用。目前医疗云的应用有预约挂号、电子病历、电子医保等,医疗云还具有数据安全、信息共享、动态扩展、布局全国等优势。

图 7-1-19　四川远程医疗云

3) 金融云

金融云是指基于云计算框架,采用独立的机房集群将银行、证券、保险、基金等金融机构的数据中心互联互通,构成云网络。工行金融云如图 7-1-20 所示。金融机构可通过金融云网络快速发现问题、解决问题,金融云可使各金融机构提升整体工作效率,改善业务流程,降低机构运作成本,为金融客户提供更加专业、周到的服务。

早在 2013 年 11 月 27 日,阿里云就整合阿里巴巴旗下资源并推出了阿里金融云服务。金融与云计算的结合,使得现在只需要在手机上进行简单操作,就可以完成银行存款、转账、支付、购买保险和基金买卖。现在,苏宁金融、腾讯等企业均推出了自己的金融云服务。

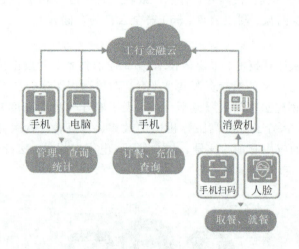

图 7-1-20　工行金融云

4）教育云

教育云是指将教育所需要的计算机硬件资源虚拟化，向教育管理机构、学校、老师、教研员、学生及家长提供一个方便快捷的数据和应用共享的云平台（见图 7-1-21）。教育云包括云计算辅助教学①和云计算辅助教育等多种形式。

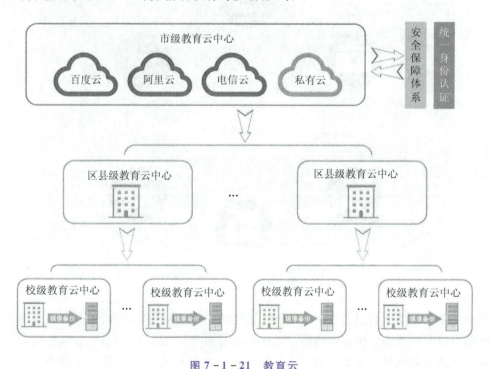

图 7-1-21　教育云

---

① 云计算辅助教学是指利用云计算技术，构建个性化的信息化教学情景，支持教师高效开展教学活动和学生自主深度学习，可促进学生高阶思维能力的发展，从而提高教与学的质量。

5）安全云

安全云是为终端用户提供安全防护服务的云。安全云将安全基础设施云化后，向客户提供整体的安全服务，如图 7-1-22 所示。

图 7-1-22　安全云

安全云采用云计算技术，通过新建和整合安全基础设施资源，优化安全防护机制，来保护企业信息化系统，达到安全防护能力按需定制化的目的。

安全云融合了并行处理、网格计算、未知病毒行为判断等新兴技术和概念，依托分布式客户端网络，对网络中软件行为进行异常监测，实时捕获互联网中木马、恶意程序的最新信息，再将其传送至 Server（服务）端自动分析处理，最终把病毒与木马的解决方案分发至各客户端。

此外，云计算的应用场景还有交通云、出行云、IDC 云、企业云、虚拟桌面云、开发测试云、协作云等，本书中将不再一一介绍，感兴趣的同学请自行查阅相关资料进行学习。

云计算

7.1.4　大数据

1. 大数据概述

"大数据"是需要新处理模式才能具有更强的决策力、洞察发现力和流程优化能力来适应海量、高增长率和多样化的信息资产，这是 Gartner 给出的大数据的定义。大数据与人工智能、物联网、云计算的关系如图 7-1-23 所示。

麦肯锡全球研究所给出的大数据的定义是：一种规模大到在获取、存储、管理、分析方面大大超出了传统数据库软件工具能力范围的数据集合，具有海量的数据规模、快速的数据流转、多样的数据类型和价值密度低四大特征。

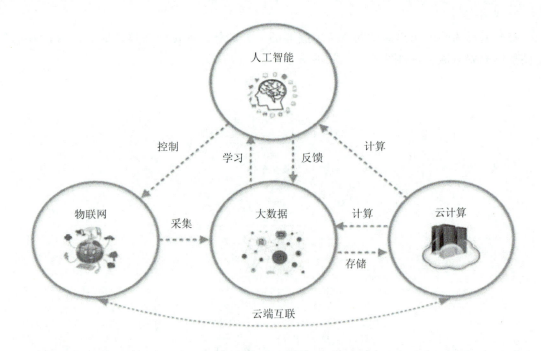

图 7 - 1 - 23 大数据与人工智能、物联网、云计算的关系

从技术上看，大数据是无法用单台计算机进行存储和处理的，必须采用分布式存储和分布式计算。大数据的特色就在于对海量数据进行分布式数据存储和数据挖掘，这必须依托云计算的分布式处理、分布式数据库和云存储以及虚拟化技术才能实现。

大数据和人工智能的关注点并不相同，但两者却有密切的联系。一方面，人工智能需要大数据的处理和分析结果作为行动与决策的依据；另一方面，大数据的分析和处理也依赖于人工智能技术的发展。大数据应用的主要渠道之一就是人工智能实体。为智能体提供的数据量越大，训练的次数越多，人工智能实体运行的效果就会越好。这是因为人工智能通常需要海量的数据进行"训练"和"验证"，才能保障运行的可靠性和稳定性。

人工智能离不开大数据，人工智能需要大数据来建立其智能，大数据技术也为人工智能提供了强大的存储能力和计算能力。

2. 大数据应用场景

2015 年 8 月，国务院印发《促进大数据发展行动纲要》。此后，国家相继出台大数据战略配套的政策措施，使我国大数据产业的发展环境得以进一步优化，大数据的新产业链、新业务及新服务迎来快速增长，催生了大量的大数据应用场景。

1）金融行业

在金融行业，大数据的应用十分广泛，典型例子有美国银行利用客户的点击数据集来给客户量身定制服务等。中国金融行业大数据应用开展得较早，但大多是以解决大数据效率问题为主。如今，金融行业中的企业大多都建立了大数据平台，以此对金融行业的交易数据进行采集和处理。大数据在金融行业中的应用如图 7 - 1 - 24 所示。

图 7 - 1 - 24　大数据在金融行业中的应用

2）医疗卫生

医疗卫生的发展需要精准医疗和大数据技术的相互配合，减少过度医疗带来的医疗资源浪费，降低医疗的成本。医疗行业坐拥大量的病理报告、医疗方案、药物报告等。对这些数据进行有效的整理和分析，将会给医生和病人带来极大的帮助。借助大数据平台，医疗行业可以更系统、更完善地搜集病例、医疗方案、病理或药物报告，并对这些数据进行整理和分析，利用人类对疾病的感受和医生的治疗经验建立疾病数据库，最大限度地帮助医生对患者进行诊断和治疗。

大数据医疗应用场景如图 7 - 1 - 25 所示。

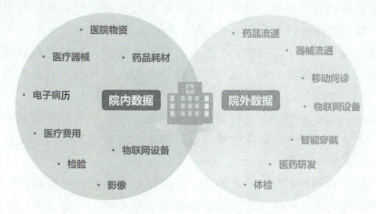

图 7 - 1 - 25　大数据医疗应用场景

3）智慧农牧

农牧业面临的比较大的挑战是盲目投入，与市场需求脱节，并且农牧产品不易保存，会造成较大的资源和社会财富的浪费。因此，政府有计划地管控种植和养殖是非常有必要的，这可以在一定程度上保障农民的利益。政府主要借助大数据平台提供的消费能力和趋势报告，为农牧行业生产投入进行引导，实现供需精准匹配，避免产能过剩而造成产品滞销。政府借助大数据技术，还可以实现农牧业的精细化管理和科学决策。比如，在大数据技术驱动下，结合无人机技术，农民就可以全面、快速地搜集农产品生长情况和病虫害等信息。

4）智慧零售

大数据在零售行业的作用主要体现在：零售行业可以通过客户的购买记录，了解客户的购买喜好，从而将客户喜欢的、相关的产品放到一起来增加产品销售额。例如，将与清洗衣物相关的化工产品如洗衣粉、消毒液、漂白剂等放到一起进行销售。据调查，根据客户对相关产品的购买记录而重新整合、摆放的货物将会给零售行业增加 30％以上的产品销售额。

此外，大数据的应用场景还有制造业、汽车行业、互联网行业、电信行业、能源行业、物流行业、城市管理、体育娱乐、城市安防等领域，本书中将不再一一介绍，感兴趣的同学请自行查阅相关资料进行学习。

大数据

7.1.5　边缘计算

1. 边缘计算概述

边缘计算指的是在靠近数据源头的一侧进行计算，而不是在数据中心进行计算，边缘计算可就近且直接提供计算服务。边缘计算是针对云计算而言的，其应用程序在数据源头边缘侧发起，不需要网络进行大量的数据传输，响应速度快。

边缘计算可以看作边缘人工智能，边缘人工智能结合了人工智能和边缘计算。人工智能算法在能够进行边缘计算的设备上运行，这样做的好处是可以实时处理数据，而无须连接到云端。

传统云计算模式需要利用网络进行海量数据传输，因此普遍存在高延迟、网络不稳定和低带宽问题。边缘计算则着重解决这类问题，就在靠近数据源头的一侧进行计算，让用户感受到近乎即时的响应速度。

相对于云计算把数据传到计算中心而言，边缘计算则把部分存储和计算资源从数据中心转移到数据源附近，使得原始数据不需要再传输到数据中心，而是在数据源头就能进行处理和分析，边缘设备再把处理的结果发送回主数据中心。边缘计算具有部署灵活、实时计算、低延迟、高速度和高可靠性等核心优势。边缘计算示意图如图 7-1-26 所示。

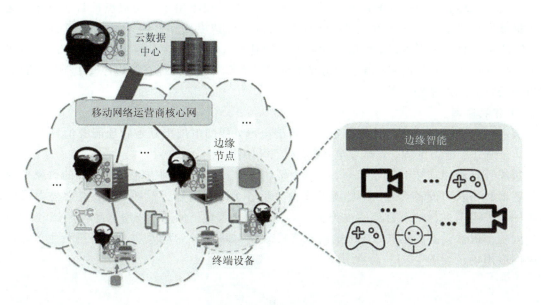

图 7 - 1 - 26　边缘计算示意图

边缘计算的出现并不是要替代云计算，边缘计算是云计算发展的产物，是云计算向终端和用户侧延伸的解决方案，两者是协同互补的关系。

2. 边缘计算应用场景

相对于云计算，边缘计算具有低延迟、安全、节约成本、高可靠性五大优势，所以，边缘计算广泛地应用于各行各业中。

1）自主汽车

自主汽车是指具有人工智能技术的"车辆"，是智能交通系统中的一个重要组成部分。自主汽车可以执行车载通信、信息加工处理、环境探测、辅助控制等多项任务，并且由人工智能代替传统的驾驶员，实现车辆行驶的智能化和自动化。自主汽车应用场景如图 7 - 1 - 27 所示。

图 7 - 1 - 27　自主汽车应用场景

目前，在北上广等一线城市开始尝试经营的无人驾驶出租车就是典型的自主汽车。这种车辆能准确沿着乘客要求的道路行驶，能以自适应速度跟车并自动保持正确的车道形式，保持安全的跟车距离；能根据实时路况和限速标志调整车速，能自动紧急避让车辆和行人，避免撞到行人和追尾；能根据道路条件自动超车，能规范地在路边停车上下客；能根据道路信息动态调整路线等。

2）智能电网

国家电网也已经将边缘计算技术用于智能电网，帮助电网更好地管理能源消耗及电力分配，合理分配电力资源、安排发电，提高能源利用率。

边缘计算利用连接到工业园区、办公大楼、居民住宅区、商业中心、学校等的边缘平台的传感器和物联网设备实时监测能源使用并分析各个时段的电力消耗情况。电力公司根据能源的动态需求进行动态合理的电力分配，合理安排发电。例如，在用电高峰期（如晚上）减少大功率机器设备的运转，在用电的非高峰时段（如夜间）启动大功率设备进行生产。智能电网应用场景如图7-1-28所示。

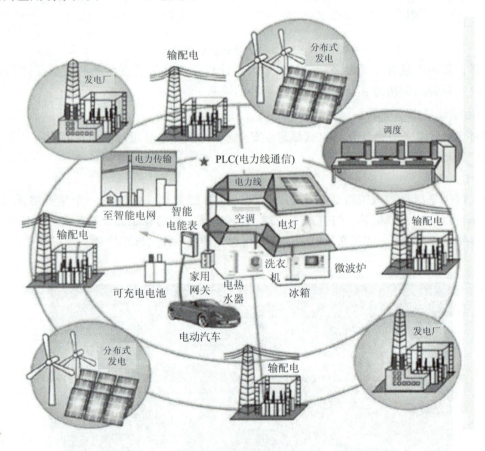

图 7-1-28　智能电网应用场景

3）油气行业远程监控

石油与天然气的采集工厂一般远离市区，如果要把物联网终端传感器采集到的数据全部传回云计算机中央数据中心，网络建设和数据传输压力都比较大。但是，采用边缘计算处理方案，就使得数据能被实时分析与处理，同时减少对位置较远的云计算中心的依赖，建设也比较灵活。油气行业远程监控如图 7 - 1 - 29 所示。

下方标注：服务器、值班员计算机、Internet、4G/RPRS CDMA/、手机App、采油井监控终端 DATA-9201、采油井监控终端 DATA-9201、LoRa/ZigBee、LoRa/ZigBee、采油机控制柜、温度变送器、压力变送器、无线示功仪、无线示功仪、压力变送器、温度变送器、采油机控制柜

图 7 - 1 - 29　油气行业远程监控

4）云游戏

云游戏是一种新型的网络游戏，这种游戏高度依赖于云端的计算，所有画面渲染都在云端完成，所以网络延迟极低。云游戏一般面向手机、平板等图形处理能力较弱的设备开放，玩游戏时终端设备一般尽量寻找最近的边缘云服务器登录，使终端设备与边缘服务器距离较近，以减少网络延迟，达到及时响应的目的。云游戏示意图如图 7 - 1 - 30 所示。

此外，边缘计算的应用场景还有预测性维护①、住院病人监护②、内容交付③、交通管理④、智能家居⑤等，本书中将不再一一介绍，感兴趣的同学请自行查阅相关资料进行学习。

---

① 预测性维护是指实时检测设备的运行情况，及时发现即将发生的问题，提前做好维护。

② 住院病人监护是指利用边缘计算向医生、护士及时通知患者的异常趋势或行为。

③ 在边缘云缓存内容，如音乐、视频流、网页等，可以极大地改善内容传播。

④ 边缘计算可以使城市交通管理更加有效，使红绿灯更智能，能实现人对车、车对车、车对道路的实时互联互通，能有效引导车流、避免拥堵和交通意外的发生。

⑤ 边缘计算通过将数据处理与存储节点部署在靠近智能家居终端的边缘侧，缩短数据传输往返时延，并且支持在边缘节点直接处理敏感信息（如设备控制指令、用户隐私数据），减少数据传回云端的安全风险与延迟。

图 7 - 1 - 30　云游戏示意图

7.2　人工智能硬件设施

7.2.1　智能传感器

1. 智能传感器概述

传感器是一种测量装置，能检测到被测量的信息，能将信息按某种数学函数法则转换为电信号并输出。

具有信息采集、信息处理、信息交换功能的传感器叫智能传感器。智能传感器内部带有微处理器，是传感器与微处理器相结合的产物。智能传感器如图 7 - 2 - 1 所示。

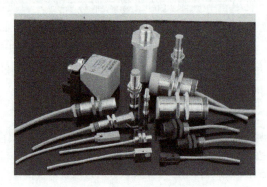

图 7 - 2 - 1　智能传感器

2. 智能传感器的分类

一般情况下，传感器是根据被测对象的物理性质、化学性质、生物性质等设计而成的，市面上多种多样的传感器。

1）按用途分类

目前市场上的传感器，按用途可以分为力敏传感器、热敏传感器、压敏传感器、位移传感器、速度传感器、加速度传感器、烟雾传感器、温度传感器、湿度传感器等。

2）按工作原理分类

以工作原理、规律和效应作为分类依据，可以将传感器分为物理型传感器（如压电效应传感器、磁致伸缩效应传感器、极化效应传感器、热电效应传感器、光电效应传感器、磁电效应传感器等）、化学传感器（如气体传感器、湿度传感器、离子传感器）、生物传感器（如酶传感器、微生物传感器、细胞传感器、组织传感器和免疫传感器）。

3）按敏感材料分类

按敏感材料可以将传感器分为金属传感器、半导体传感器、磁性材料传感器、陶瓷传感器。

4）按输出信号的类型分类

按输出信号的类型可以将传感器分为模拟传感器和数字传感器。模拟传感器输出的是连续的模拟信号，需要经过采样、量化、编码处理之后才能被计算机识别和处理。数字传感器输出的是分离的数字信号，便于与计算机连接，且抗干扰能力强，是目前智能家居传感器发展的趋势。

3. 智能传感器应用场景

1）智能手机

智能手机能实时采集外部信息（如光强、磁场、重力加速度等），其实靠的是集成在手机内部的各种各样的智能传感器。在智能手机中比较常见的智能传感器有距离传感器、光敏传感器、重力传感器、指纹识别传感器、图像传感器、三轴陀螺仪和磁场传感器等。

2）智能机器人

智能传感器是智能机器人的基础硬件，智能传感器起到类似于人类的感觉器官的作用。智能机器人靠大量的传感器感知外部世界，传感器获取的大量信息经过处理后能让机器人作出正确的决策或行动。智能机器人如图 7-2-2 所示。

图 7-2-2　智能机器人

3）智能穿戴设备

智能传感器被广泛应用于可穿戴设备中，用以监测位置、距离、步数、心率、血压、血氧饱和度等数据。以小米手环为例，小米手环中集成了很多传感器，可以实现心率监测、血氧饱和度测量、睡眠监测、运动监测、步数测量、血压测量等，它还集成有麦克风，与手机相连后可以拨打和接听电话。小米手环如图 7-2-3 所示。

图 7-2-3　小米手环

4）自动驾驶

无人驾驶汽车要想实现自动驾驶，还是要靠汽车上集成的各类传感器。这些传感器包括超声波传感器、图像传感器、激光雷达传感器、微波传感器、红外传感器等。利用传感器进行信息采集，然后进行数据处理、分析，以作出智能决策和行为。

此外，智能传感器的应用场景还包括无人机[①]、AR/VR 虚拟现实[②]、智能家居[③]、智慧工业[④]、智慧交通、智慧农业、智慧物流等，本书中将不再一一介绍，感兴趣的同学请自行查阅相关资料进行学习。

智能传感器

---

① 无人机的实现需要用到各种智能传感器，包括惯性测量单元（IMU）、MEMS 加速度计、电流传感器、倾角传感器和发动机进气流量传感器等。

② 要实现 AR/VR，提高用户体验，需要用到大量用于追踪动作的传感器，比如 FOV 深度传感器、摄像头、陀螺仪、加速计、磁力计和近距离传感器等。

③ 智能家居领域需要使用传感器来测量、分析与控制系统设置，家中使用的智能设备涉及位置传感器、接近传感器、液位传感器、流量和速度控制传感器、环境监测传感器、安防感应传感器等。

④ 工业生产各个环节都需要传感器进行监测，并把数据反馈给控制中心，以便对出现异常的节点进行及时干预，保证工业生产正常进行。

7.2.2　AI 芯片

1. AI 芯片概述

一般来说，能够运行人工智能算法的芯片都叫作 AI 芯片，比如普通的 PC 芯片 CPU 可以运行人工智能算法，从某种意义上来讲也是 AI 芯片。但是，从狭义上来讲，AI 芯片是指专门针对人工智能算法做了特殊加速设计的芯片，所以 CPU 又不属于 AI 芯片。

人工智能算法需要非常大的运算量，举个例子说明：2016 年，谷歌旗下 DeepMind 团队研发的机器人 AlphaGo 以 4 比 1 战胜了围棋世界冠军职业九段棋手李世石，引起业界震惊。AlphaGo 采用了人工智能算法，走棋时需要用到上千块传统处理器（CPU）和上百块图形处理器（GPU），可见人工智能算法产生的运算量是巨大的。所以，在人工智能时代，想要用传统的 PC 芯片来运算人工智能算法，显然不是很好的解决方案。

其实，早在 2011 年，谷歌训练计算机识别猫时，就用了 12 块 GPU 替代了 2000 个 CPU 进行运算，用一周的时间让计算机识别了猫。这说明 GPU 的运算速度和效率远比 CPU 高。但是否只需要 GPU 就可以了呢？答案是否定的。人工智能的发展需要行业产生运算速度更快的芯片，由此催生了人工智能芯片的研发。比如，我国自主研发的寒武纪 AI 芯片就具备极快的运算速度，如果 AlphaGo 采用寒武纪处理器的架构，只需要一台个人电脑大小的主机，就可以运行起来，而且运行速度还会更快。

AI 芯片又被称为 AI 加速器或计算卡，即专门用于处理人工智能应用中的大量计算任务的模块，其他非计算任务仍由 CPU 负责。

2. AI 芯片的分类

当前，AI 芯片主要分为 GPU、专用集成电路（ASIC）、现场可编程门阵列（FPGA）、类脑芯片。

1）GPU

在普通的微机系统中，几乎所有的运算任务都由 CPU 完成，但是大部分的人工智能开发框架却需要 GPU 来执行运算，这是因为 GPU 执行的速度和效率要比 CPU 高得多。GPU 又称显示核心、视觉处理器、显示芯片。GPU 如图 7-2-4 所示。

图 7-2-4　GPU

GPU 在设计之初并非专门针对人工智能算法运算，而是为了执行复杂的数学和几何计算，是应对 2D 或 3D 图形加速需要而设计的，比如图像渲染和游戏画面渲染。GPU 能高效、高速执行人工智能算法，得益于 NVIDIA 推出 CUDA 架构。NVIDIA 于 2006 年 11 月推出 CUDA 架构，CUDA 架构提供基于其 GPU 的从后端模型训练到前端推理应用的全套深度学习解决方案。基于 CUDA 架构，开发人员可以比较容易地使用 GPU 进行深度学习开发或者进行高性能运算。

就目前来看，CPU 配合人工智能加速芯片的模式是比较常见的人工智能计算部署方案，CPU 负责提供算力，人工智能加速芯片负责提升算力并助推算法的产生。常见的 AI 加速芯片按照技术路线可以分为 GPU、FPGA、ASIC 三类。其中，应用于图形、图像处理领域的 GPU 可以并行处理大量数据，具有并行处理能力强、计算能效比高、存储带宽大等特点，非常适合应用于具有高并行、高本地化数据特点的深度学习场景，是目前主流的人工智能计算架构。

GPU 可用于大量重复计算，配备 GPU 的单台服务器可替代数百台通用 CPU 服务器来处理高性能计算和 AI 业务。在 AI 模型训练与推理、高性能计算等应用中，基本是大数据流应用，用 GPU 运算比用 CPU 的效率更高。而且，GPU 对于用传统语言编写的算法有较好的支持，所以 GPU 具有较多的应用场景。

由 GPU 组成的服务器的应用场景主要是人工智能模型训练与推理等高性能计算。目前 GPU 广泛应用于高性能计算、行业 AI 应用、安防与政府项目、互联网及云数据中心等。

2）ASIC

ASIC 可对硬件电路进行全面定制，基于 ASIC 实现领域专用架构相比于传统的 CPU、GPU 可以获得更高的性能和效能，所以，就产生了基于 ASIC 的 AI 芯片。随着人工智能技术的成熟，人工智能应用更加广泛，AI 芯片市场规模也逐渐增长。近年来，AI 芯片也从学术界研究快速应用到了工业界中。谷歌的 TPU 芯片[①]、华为的达芬奇系列芯片[②]、阿里巴巴的含光芯片[③]都是基于 ASIC 开发出来的 AI 芯片，本书中将不再一一介绍，感兴趣的同学请自行查阅相关资料进行学习。

3）FPGA

FPGA[④] 因有可重构的特性，成为 AI 领域专用架构的常见实现平台。传统上，FPGA 一般为实现 ASIC 的原型系统，与 ASIC 开发采用相同的前端工具，例如 VHDL、Verilog

---

① 谷歌的 TPU 芯片项目研究始于 2014 年，2016 年 5 月的开发者大会上，谷歌第一代基于 ASIC 的 AI 芯片 TPU 问世。

② 2018 年 10 月 10 日，华为发布了昇腾 910 和昇腾 310 两款 AI 芯片，这两款芯片分别采用 7nm 工艺制程和 12nm 工艺制程。昇腾系列 AI 芯片采用了华为开创性的统一、可扩展的架构，即"达芬奇架构"，实现了从极致的低功耗到极致的大算力场景的全覆盖。

③ 2019 年 9 月 25 日，阿里巴巴在杭州正式发布含光 800AI 芯片。含光 800 是阿里巴巴研发的高性能的 AI 推理芯片，该芯片推理性能达到 78 563 IPS，能效比为 500 IPS/W。

④ FPGA 是在可编程阵列逻辑电路（PAL）、通用阵列逻辑电路（GAL）等可编程器件的基础上进一步发展的产物。它是作为 ASIC 领域中的一种半定制电路而出现的，既解决了定制电路的不足，又克服了原有可编程器件门电路数有限的缺点。

等硬件描述语言。芯片开发时首先要在 FPGA 上验证功能的正确性后再进行 ASIC 生产，因为 FPGA 可以反复擦写，而 ASIC 一旦流片就不可更改，风险较大。FPGA 相较于 ASIC，灵活性更高，因为其逻辑电路是可重构的，但其性能较差，因为受限于硬件物理条件所能达到的运行频率更低，同时功耗也更高。

百度昆仑人工智能芯片（如图 7-2-5 所示）是基于 FPGA 研发的。2021 年 8 月 18 日，百度宣布第二代昆仑芯片——昆仑芯 2 正式量产。昆仑芯 2 的性能、通用性、易用性较第一代产品都有显著增强。该芯片采用全球领先的 7nm 制程，搭载自研的第二代 XPU 架构，相比于第一代性能提升了 2～3 倍。

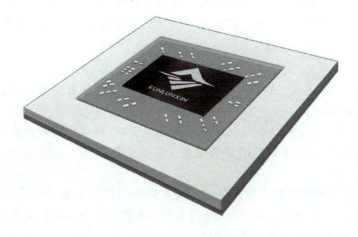

图 7-2-5　昆仑芯片

4）类脑芯片

2018 年 5 月 3 日，中国科学院在上海发布了我国首款云端人工智能芯片——寒武纪 MLU100。寒武纪 MLU100 是面向人工智能领域大规模的数据中心和服务器提供的核心芯片，支持各类深度学习和经典机器学习算法，能实现视觉、语音、自然语言处理、经典数据挖掘等领域复杂场景下的云端智能处理。寒武纪 MLU100 如图 7-2-6 所示。

图 7-2-6　寒武纪 MLU100

与传统的终端芯片相比,云端人工智能芯片规模更大,结构更复杂,运算能力更强。据陈天石(寒武纪科技创始人、中科院计算技术研究所研究员)介绍,寒武纪 MLU100 云端人工智能芯片采用了寒武纪最新的 MLUv01 架构和 TSMC 16nm 的制作工艺。MLU100 可工作在平衡模式和高性能模式下,平衡模式下的定点运算等效理论峰值速度可达 128 万亿次每秒,高性能模式下的定点运算等效理论峰值速度可达 166.4 万亿次每秒。MLU100 功耗极低,典型板级功耗仅为 80 W,峰值功耗不超过 110 W。

人工智能芯片模仿了人脑神经网络结构,一条指令即可完成一组神经元的处理。这一计算模式在做识别图像等智能处理时,效率比传统芯片高几百倍。人工智能芯片已经广泛应用于图像识别、语音识别、智能安防、智能驾驶、消费类电子等领域。云端人工智能芯片的问世,也将为大数据量、多任务、高通量等复杂的云端智能处理需求提供新的技术支撑。

3. AI 芯片应用场景

1)云端

目前,云计算仍然是人工智能数据计算和处理中心,仍然需要具有较高计算能力的芯片才能满足算力需求。

就目前来说,大部分的 AI 训练和推理任务仍由云端(包括公共云和私有云)完成,云端还是 AI 的中心。但面对越来越多的算力需求,云端迫切需要更高性能的计算芯片及新的 AI 学习架构。

互联网产业是云端算力需求较旺盛的产业,除传统芯片企业(Intel、AMD、NVIDIA)外,互联网科技公司(如百度、阿里等)纷纷入局 AI 芯片产业,投资或自研云端 AI 芯片,目前已经有多款 AI 芯片投入不同的 AI 场景中使用。

2)边缘侧

边缘计算的发展使数据由云计算中心向边缘侧下沉,同时 5G 通信技术的应用增加、物联网的快速发展以及各行业的智能化转型升级,也将带来爆发式的数据增长。海量的数据将在边缘侧积累,建立在边缘的数据分析与处理将大幅度地提高效率、降低成本。

随着大量的数据向边缘侧下沉,互联网数据中心(Internet Data Center,IDC)预测,在未来,将有超过 50% 的数据需要在边缘侧进行储存、处理和分析,这对边缘侧的算力提出了更高的要求。AI 芯片作为实现人工智能算法计算能力的重要基础硬件,也将具备更多的发展。

3)终端设备

智能终端产品种类多样,市场需求量大,出货量逐年增加,推动 AI 芯片需求持续攀升。根据亿欧[①]数据测算,智能手机、平板、VR/AR 眼镜等智能产品出货量也有大幅增速,这也催生了大量的 AI 芯片需求。

AI 芯片

---

① 亿欧是专注做新科技、新理念与产业结合的内容创新服务平台。

本 章 习 题

1. 支撑人工智能快速发展的技术有哪些？
2. 什么是物联网？列举几个在生活中见到的物联网应用的例子。
3. 什么是云计算？举例说明云存储给你带来的一些变化。
4. 什么是大数据？举例说明生活中的一些大数据应用案例。
5. 什么是边缘计算？边缘计算与云计算具有什么关系？
6. 请阐述自动驾驶所涉及的技术。
7. 查阅资料，阐述谷歌的 TPU 芯片的特点。
8. 查阅资料，阐述华为的达芬奇系列芯片的特点。
9. 查阅资料，阐述阿里巴巴的含光芯片的特点。
10. 查阅资料，阐述寒武纪芯片的特点。

▶ 参 考 文 献

[1] 莫小泉，陈新生，王胜峰. 人工智能应用基础[M]. 北京：电子工业出版社，2021.

[2] 周越. 人工智能基础与进阶[M]. 2 版. 上海：上海交通大学出版社，2022.

[3] 中兴通讯学院. 对话物联网[M]. 北京：人民邮电出版社，2012.

[4] 蔡自兴. 人工智能学派及其在理论、方法上的观点[J]. 高技术通讯，1995，5(05)：55-57.

[5] 史忠植. 人工智能[M]. 机械工业出版社，2016.

[6] 周志敏，纪爱华. 人工智能：改变未来的颠覆性技术[M]. 北京：人民邮电出版社，2017.

[7] 吕云翔，李子璿，翁学平. 计算机科学概论[M]. 北京：人民邮电出版社，2015.

[8] 莫宏伟. 人工智能导论[M]. 北京：人民邮电出版社，2020.

[9] 唐代兴，王灿. 人工智能：无限开发与有限理性的伦理博弈[J]. 天府新论，2022(06)：39-52.

[10] 李珍珍，严宇，孟天广. 人工智能的伦理关切与治理路径[J]. 中央社会主义学院学报，2022(05)：139-150.

[11] 文波，马莹. 人工智能在计算机网络技术中的应用探究[J]. 网络安全技术与应用，2022(01)：102-103.

[12] 雷宇. 大数据技术在人工智能中的运用研究[J]. 产业与科技论坛，2022，21(13)：34-35.

[13] 兰国帅，郭倩，魏家财，等. 5G＋智能技术：构筑"智能＋"时代的智能教育新生态系统[J]. 远程教育杂志，2019，37(03)：3-16.

[14] 谷来丰，赵国玉，邓伦胜. 智能金融：人工智能在金融科技领域的 13 大应用场景[M]. 北京：电子工业出版社，2019.

[15] 张鸿. 人脸识别技术在金融领域的应用[J]. 经济师，2018(05)：136-137.

[16] 动脉网蛋壳研究院. 人工智能与医疗：AI 如何重塑全球医疗未来[M]. 北京：北京大学出版社，2019.

[17] STEPHEN CHAN H C，SHAN H B，DAHOUN T，et al. Advancing drug discovery via artificial intelligence [J]. Trends in Pharmacological Sciences，2019，40(8)：592-604.

[18] 张显东. 人工智能在智慧城市中的研究应用和发展前景探究[C]//. 2022 工程建设与管理研讨会论文集. [出版者不详]，2022：81-84. DOI：10.26914/c.cnkihy.2022.015132.

[19] 曾毅，刘成林，谭铁牛. 类脑智能研究的回顾与展望[J]. 计算机学报，2016，39

(01)：212-222.

[20] 刘洁，吴慧. 类脑智能研究热点及趋势[J]. 中国生物医学工程学报，2021，7(1)：91-98.

[21] LI H，GAO B，CHEN Z，et al. A learnable parallel processing architecture towards unity of memory and computing[J]. Scientific Reports，2015，5：13330.

[22] PALANGI H，SMOLENSKY P，HE X，et al. Deep Learning of Grammatically-Interpretable Representations Through Question-Answering. ArXiv，abs/1705.08432.

[23] 张慧港，徐桂芝，郭嘉荣，等. 类脑脉冲神经网络及其神经形态芯片研究综述. 生物医学工程学杂志，2021，38(5)：986-994，1002.

[24] MEREL J，ALDARONDO D E，MARSHALL J D，et al. Deep neuroethology of a virtual rodent[J]. arXiv：Neurons and Cognition.

[25] PEI J，DENG L，SONG G，et al. Towards artificial general intelligence with hybrid tianjic chip architecture[J]. Nature，2019，572：106-111.

[26] 康琦，张燕，汪镭，等. 群体智能应用综述[J]. 冶金自动化，2005，29(5)：7-10，25.

[27] 王辉，钱锋. 群体智能优化算法[J]. 化工自动化及仪表，2007，34(5)：7-13.

[28] 潘弘洋，刘昭，杨波，等.基于新一代通信技术的无人机系统群体智能方法综述[J/OL].吉林大学学报：工学版，2023，53(3)：629-642.

[29] RUBENSTEIN M，AHLER C，NAGPAT R. Kilobot：a low cost scalable robot system for collective behaviors[C]. IEEE International Conference on Robotics and Automation，2012.

[30] DORIGO M，THERAULAZ G，TRIANNI V. Swarm robotics：past，present，and future [J]. Proceedings of the IEEE，2021，109(7)：1152-1165.

[31] 邢凯，赵新华，陈炜，等. 外骨骼机器人的研究现状及发展趋势[J]. 医疗卫生装备，2015，36(1)：104-107.

[32] 李纪桅，张弼，姚杰，等. 面向智能假肢手臂的生机接口系统与类神经协同控制[J]. 机器人，2022，44(5)：546-563.

[33] 黄本遵，陈德旺，何振峰，等. 基于人机混合智能的地铁列车无人驾驶系统研究[J]. 智能科学与技术学报，2022，4(4)：584-591.

[34] 周兵，潘倩兮，冯浩. 人机共驾驾驶权切换准则研究文献综述[C]// 第十六届国际汽车交通安全学术会议. 2019：190-193.